专项职业能力考核培训教材

瓜果栽培

人力资源社会保障部教材办公室
上海市职业技能鉴定中心　组织编写

主　编：范红伟　叶正文

编　者：范红伟　叶正文　郭玉人　张文献　成　玮

主　审：陈幼源

U0351326

中国劳动社会保障出版社

图书在版编目（CIP）数据

瓜果栽培 / 人力资源社会保障部教材办公室等组织编写. -- 北京：中国劳动社会保障出版社，2020
专项职业能力考核培训教材
ISBN 978-7-5167-4616-5

Ⅰ. ①瓜…　Ⅱ. ①人…　Ⅲ. ①瓜果园艺 – 技术培训 – 教材　Ⅳ. ①S65

中国版本图书馆 CIP 数据核字（2020）第 131940 号

中国劳动社会保障出版社出版发行

（北京市惠新东街 1 号　邮政编码：100029）

*

北京市艺辉印刷有限公司印刷装订　　新华书店经销

787 毫米 × 1092 毫米　16 开本　12.5 印张　230 千字

2020 年 8 月第 1 版　　2020 年 8 月第 1 次印刷

定价：35.00 元

读者服务部电话：（010）64929211/84209101/64921644

营销中心电话：（010）64962347

出版社网址：http://www.class.com.cn

前　言

　　职业技能培训是全面提升劳动者就业创业能力、提高就业质量的根本举措，是适应经济高质量发展、培育经济发展新动能、推进供给侧结构性改革的内在要求，对推动大众创业万众创新、推进制造强国建设、推动经济迈上中高端水平具有重要意义。

　　根据《国务院办公厅关于印发职业技能提升行动方案（2019—2021年）的通知》（国办发〔2019〕24号）、《国务院关于推行终身职业技能培训制度的意见》（国发〔2018〕11号）文件精神，建立技能人才多元评价机制，完善职业资格评价、职业技能等级认定、专项职业能力考核等多元化评价方式是当前深化职业技能培训体制机制改革的重要工作之一。

　　专项职业能力是可就业的最小技能单元，通过考核的人员可获得专项职业能力证书。为配合专项职业能力考核工作，人力资源社会保障部教材办公室、上海市职业技能鉴定中心联合组织有关方面的专家、技术人员共同编写了专项职业能力考核培训教材。

　　专项职业能力考核培训教材严格按照专项职业能力考核规范及考核细目进行编写，教材内容充分反映了专项职业能力所需要的核心知识与技能，较好地体现了适用性、先进性与前瞻性。聘请相关行业的专家参与教材的编审工作，保证了教材内容的科学性及与考核细目、题库的紧密衔接。

　　专项职业能力考核培训教材突出了适应职业技能培训的特色，

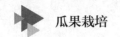

使读者通过学习与培训，不仅有助于通过考核，而且能够有针对性地进行系统学习，真正掌握专项职业能力的核心技术与操作技能。

教材编写是一项探索性工作，由于时间紧迫，不足之处在所难免，欢迎各使用单位及个人对教材提出宝贵意见和建议，以便教材修订时补充更正。

人力资源社会保障部教材办公室

上海市职业技能鉴定中心

目 录

培训任务一

瓜果栽培基础

引导语

　　我国幅员辽阔，气候类型多样，栽培历史悠久，西瓜、甜瓜和草莓种质资源丰富，种植面积居世界各国之首，在长期的生产实践中积累了丰富的种植经验，形成了独特的栽培体系，培育了大量适合不同地区的品种。特别是改革开放以来，由于经济的迅速发展和人民生活水平的不断提高，中国的农业科技工作者加大了对西瓜、甜瓜和草莓生产栽培、杂交育种、基础研究以及新技术推广应用的工作力度。进入20世纪90年代，更是把发展西瓜、甜瓜和草莓生产作为稳步推进种植业结构调整，实现农业增效、农民增收、农村稳定的重要工作来抓，并取得了明显成效。本培训任务主要介绍西瓜、甜瓜的生物学特性、优良品种、育苗技术、做畦盖膜和定植、主要生理性病害与防治，草莓的生物学特性、优良品种、子苗的繁殖，以及瓜果病虫害安全科学防治方法。

学习单元 ①

西瓜、甜瓜栽培基础

一、西瓜、甜瓜的生物学特性

1. 西瓜生物学特性

西瓜属于葫芦科、西瓜属，为一年生蔓性草本植物。西瓜栽培种植按其生态习性，可分为西北生态型、华北生态型和东亚生态型。

（1）植物学特性

1）种子。西瓜的种子扁平，宽卵圆形或矩形，具有喙和眼点，由种皮和胚组成。种皮坚硬，表皮平滑或有裂纹。种子的颜色有白、黄、红、褐、黑等，其色泽因品种不同而变化很大。种子的大小差异也较悬殊，千粒重一般为 30～100 g。

2）根。西瓜的根系属直根系，是西瓜植株整个生长发育过程中吸收水分和矿质元素的主要器官。西瓜的根系由主根、侧根和根毛组成。主根由种子萌发出的胚根发育而成，在主根上可分生出许多侧根，称为一次侧根，在一次侧根上又可分生出二次侧根。一般一共可分生出 4～5 次侧根，在主根和侧根上又可分生出许多根毛。一般西瓜品种根系生长能力差，入土较浅，分布范围小，根群主要分布在地面以下 10～40 cm 的土层内。

3）茎蔓。茎蔓通常叫作瓜蔓、瓜秧或瓜藤，一般匍匐于地面生长，其上着生有卷须。在西瓜茎蔓上着生叶片的地方叫作节，两片叶子之间的茎叫作节间。在子叶节

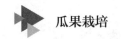

以上 5~6 叶，节间很短，成为短缩茎，形成西瓜植株幼苗期的直立部分。在这数节之后，节间便伸长成为匍匐蔓。

西瓜具有很强的分枝能力，在主蔓上可分生出许多子蔓（侧蔓），在子蔓上再分生出孙蔓（副侧蔓、二次侧蔓），一般可分生 4~5 次子蔓，因而形成庞大的地上部分。西瓜茎蔓上的卷须的主要作用是缠绕物体，以固定瓜蔓，避免滚秧。

4）叶。西瓜的叶有子叶和真叶两种。子叶有两片，在种子中已基本发育形成，呈椭圆形，较肥厚，由极短的叶柄着生在子叶节上，其中储存着大量有机营养，为种子发芽、出苗及幼苗发育提供物质和能量。在西瓜的真叶长出并能进行光合作用之前，子叶是唯一的光合作用器官。因此，幼苗期保护好子叶，延长子叶的功能期，是培育壮苗的重要做法。

真叶即通常所说的叶片，由叶柄、叶片、叶脉组成。真叶的形状因植株的不同生育时期而异，一般为心形。

5）花。西瓜的花一般是雌雄同株异花，通常为单性花。但也有部分植株和部分品种为雌雄两性花。

6）果实。西瓜果实为瓠果，整个果实由果皮、果肉、种子三部分组成。果实外部的发育变化主要表现在体积、果形和皮色等方面。在西瓜果实发育的过程中，按体积增大的速度可分为几个明显不同的时期：在雌花开放后的 4~5 天中，其体积虽只占成熟时的 1% 左右，但这时是果实能否坐住的关键时期；其后的 20~25 天是果实体积增大的主要时期，其体积增量占最终体积的 90% 左右；果实成熟前的 10 天左右，体积增加的速度减缓，主要变化是果实内部成分的转化。不同品种的果实大小差异很大，大果型品种单瓜重可达 10 kg 以上，中果型品种单瓜重多为 5~6 kg，小果型品种单瓜重仅为 1~2.5 kg。西瓜开始生长时纵向生长旺盛，中后期横向生长占优势，果形可分为圆球形、高圆形、短椭圆形、长椭圆形等。

（2）生长发育过程。西瓜的生长发育具有明显的阶段性，其生育周期可分为发芽期、幼苗期、伸蔓期、结果期和采收期五个时期。

1）发芽期。西瓜从播种到第一片真叶显露（露心、破心、两瓣一心）为发芽期，此期主要依靠种子内储藏的营养物质生长。

2）幼苗期。西瓜从第一片真叶显露到团棵（5~6 片真叶），称为幼苗期。团棵是幼苗期与伸蔓期的临界特征。团棵期的幼苗有 5 片真叶，茎的节间很短，植株呈直立状态。在适宜温度条件下，幼苗期需 25~30 天。

3）伸蔓期。从团棵到主蔓第二雌花开花为伸蔓期，在 20~25 ℃ 的适温条件下需 18~20 天。西瓜的伸蔓期在栽培上容易出现两种倾向：一是营养生长不良，表现为蔓细、叶面积小、雌花子房小，这将影响坐果，即使结果，果实也小；二是生长过于旺盛，不能在适当位置及时坐果，因而延误了生长季节。因此，此期在栽培管理上应促控结合，即通过及时调整株型，适当追肥浇水，使植株营养生长适度，稳健生长。

4）结果期。从第二雌花开花到果实生理成熟，称为结果期，在 25 ~ 30 ℃的适温条件下需 28 ~ 40 天。结果期所需日数的多少，主要取决于品种的熟性和果实发育期间的温度状况。一般早熟品种所需天数较少，约需 30 天；中熟品种需 32 ~ 35 天；晚熟品种需 35 天以上。如果采用早春大棚栽培，由于温度较低，果实生长时期一般相应延长 3 ~ 5 天。

5）采收期。采收期是指从开始采收到采收结束的一段时间。采收期结束的早晚因种植者管理水平的不同而有差别。若田间苗齐、苗全，并在营养生长阶段生长较一致，坐果较集中，则采收期短，一般为 10 ~ 15 天；反之，则采收期拉长，需 20 ~ 25 天。同时，采收期的长短还与种植者计划一季收获西瓜的批次有关。

（3）对环境条件的要求

1）温度。西瓜的生长发育需较高的温度，耐热而不耐低温，并要求有一定温差。一般营养生长能适应较低温度，结实及果实发育则需较高的温度。

西瓜生长所需的最低温度为 10 ℃，最高温度为 40 ℃，适宜温度为 18 ~ 32 ℃。西瓜在不同生育期对温度的要求不同：发芽期的最适温度为 28 ~ 30 ℃，幼苗期的最适温度为 22 ~ 25 ℃，伸蔓期的最适温度为 25 ~ 28 ℃，结果期的最适温度为 30 ~ 35 ℃。另外，西瓜在特定条件下栽培时，对温度也有一定的适应范围，如在冬、春温室或大棚内种植西瓜时，其适温范围为夜温 8 ℃、昼温 38 ~ 40 ℃，昼夜温差在 30 ℃时仍能正常生长和结果。一般认为，较低的温度有利于雌花的分化，使雌花提早出现，增加雌花的比例，而西瓜果实发育需较高的温度，结果期的温度下限为 15 ℃。在低温条件下发育的果实呈扁圆形，出现果肩和棱角，皮厚空心，含糖量低，严重影响果实品质。

西瓜的生长需要有一定的昼夜温差，在一定的温度范围内，较高的昼温和较低的夜温有利于西瓜的生长，特别是有利于西瓜果实内的糖分积累。

2）水分。西瓜是需水量较多的作物，一株西瓜整个生长阶段约需消耗 1 000 kg 水。西瓜在生长过程中对水分要求比较敏感的时期有两个：一是坐瓜节位雌花现蕾前后，这时如水分不足，则雌花子房较小，雄花花粉发育不良，影响坐果；二是膨瓜期，如果此期水分不足，则果形小、产量不高，如果实膨大前期缺水则会形成扁圆果。

西瓜植株不耐涝，一旦被水淹，往往会因根系缺氧而全株窒息死亡，所以应选择地势高的田块种植西瓜，在多雨地区和多雨季节，必须重视排涝工作。但是，种植西瓜的土壤也应有一定的含水量，这样才能满足植株生长的需要，否则影响生长和果实膨大。适宜的土壤田间持水量为 60% ~ 80%。

3）光照。西瓜是短日照作物，苗期缩短日照时数可促进雌花形成。

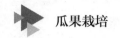

4）土壤。西瓜对土壤的适应性较广，但以土层深厚、排水良好、有机质丰富、肥沃疏松的沙壤土最为适宜。一般认为，西瓜在 pH 值为 5 ~ 7 范围内的土壤中能正常生长，下限 pH 值为 4.5。随着土壤酸性的提高，土壤和叶片中钙的含量会降低，致使枯萎病的发病率提高。另外，西瓜较耐盐，一般在总含盐量在 0.2% 以下的土壤中可以正常生长。

2. 甜瓜生物学特性

甜瓜属于葫芦科、甜瓜属，为一年生蔓性草本植物。我国栽培的甜瓜可分为厚皮甜瓜和薄皮甜瓜两大类型。

（1）植物学特性

1）种子。甜瓜种子由种皮、子叶和胚三部分组成，其形态有披针形、长扁圆形、椭圆形、芝麻粒形等，种皮表面平直或波曲，颜色有橙黄、土黄、黄白、浅褐、深红等。薄皮甜瓜种子小，千粒重为 5 ~ 20 g；厚皮甜瓜种子较大，千粒重为 30 ~ 80 g。

甜瓜种子寿命一般为 5 ~ 6 年。种子含水量低，在干燥阴凉的条件下种子寿命可大大延长，我国新疆、甘肃等地室内自然保存期可达 15 ~ 20 年。

2）根。甜瓜属直根系植物，根系发达，生长旺盛，入土深广。其根系由主根、多次分级的侧根和根毛组成。主根由胚根延伸而来，垂直向下生长，入土深度可达 1.5 m 以上，能深入土壤深层。侧根发达，横向扩展大于纵向深入，横展半径可达 2 ~ 3 m。一般来说，甜瓜根群主要分布在地下 10 ~ 30 cm 的表层土壤中。

3）茎蔓。茎蔓通常又叫作瓜蔓。甜瓜在不进行整枝的自然生长状态下，主蔓生长不旺，长度小于 1 m，而子蔓却异常发达，生长旺盛，长度常超过主蔓。甜瓜分枝能力很强，尤其是在摘除顶芽后，从腋芽中可以萌发出很多子蔓和孙蔓，每一叶腋内着生有幼芽、卷须和雌花或雄花三种器官。与西瓜不同的是，甜瓜在同一叶腋中可以着生多个雄花或雌花。

甜瓜主蔓上发生的子蔓中，第一子蔓一般不如第二、第三子蔓健壮，因此在栽培管理中常不选留。

4）叶。甜瓜叶为单叶，互生，无托叶。叶形有掌状、五裂、近圆形、肾形，叶缘呈锯齿状、波状或圆形，叶柄有短刚毛，叶色为浅绿或深绿，叶脉为掌状网脉。叶的两面均被有茸毛，叶背脉上有短刚毛。叶片的茸毛和刚毛有保护叶片、减少水分蒸发的作用，使甜瓜有较强的抗旱能力。

5）花。甜瓜为雌雄同株异花植物。花为虫媒花，腋生。雌花（结果花）常为两性，柱头三裂，子房下位，柱头外围有三组雄蕊，雄蕊的花粉具有正常功能，因此甜瓜比西瓜自然杂交率低。甜瓜开花时间一般为早晨 6 时，并于午后凋萎。但遇到低温时，开花会延迟。一般上午开花后 4 h 以内为最佳授粉时间，午后授粉坐果率极低。但结果花在开花的前一天上午进行蕾期授粉，也能坐果。

6）果实。甜瓜果实为瓠果。果实大小相差悬殊，薄皮甜瓜单瓜重大多在 0.5 kg 以下，而新疆产的厚皮甜瓜（哈密瓜）单瓜重常达 5 ~ 10 kg，甚至 10 kg 以上，上海产的厚皮甜瓜（光皮类型）一般重 1 ~ 2 kg。果实外果皮为蜡质或角质；中果皮（果肉）具有较多的水分、糖分和其他营养物质，并具有浓郁的香味，是甜瓜的食用部分；果实中心有一个空腔，称为心室，瓜瓤及种子均在心室中。

（2）生长发育过程。甜瓜的生长发育过程与西瓜有很大的相似性，可参考西瓜生长发育过程的相关内容。

（3）对环境条件的要求

1）温度。甜瓜是喜温、耐热作物，极不耐寒，遇霜即死。生长的最适温度为 25 ~ 35 ℃，种子萌发适温为 30 ~ 35 ℃，幼苗期生长最适温度为 20 ~ 25 ℃，果实发育的最适温度为 30 ~ 35 ℃。生长温度的最低限为 15 ℃，10 ℃以下即停止生长，5 ℃时发生冷害，出现叶肉失绿现象，而最高允许生长温度可达 45 ~ 50 ℃。薄皮甜瓜耐低温的性能较厚皮甜瓜强。根据甜瓜对温度的要求，通常将 15 ℃以上的温度作为甜瓜生长发育的有效温度。根据不同品种整个生育期间所需的有效积温，甜瓜可分为早熟品种、中熟品种和晚熟品种。

此外，气温的日较差大小与甜瓜的果实发育及糖分转化积累有密切关系，气温日较差在 10 ~ 20 ℃时，有利于糖分的积累。

2）水分。甜瓜是需水量较多的一种作物。甜瓜植株要求空气干燥，适宜的空气相对湿度为 50% ~ 60%，如空气潮湿，则生长势弱，影响坐果，容易发生病害。甜瓜根系不耐涝，受淹后往往会缺氧，致使根系受损，甚至植株死亡，所以应选择地势高的田块种植甜瓜并加强排灌管理。甜瓜根系不及西瓜发达，叶片无裂刻，从这些特征考虑更要注意水分供给。在不同生育期，甜瓜对土壤湿度有不同要求：播种、定植时要求高湿；坐果之前的营养生长阶段要求土壤最大持水量为 60% ~ 70%；果实迅速膨大至果实停止膨大期要求土壤最大持水量为 80% ~ 85%；果实停止膨大至采收成熟期要求低湿（土壤最大持水量为 55%）。

3）光照。一般来说，晴天多、光照充足时，植株生长健壮，茎粗叶肥，节间短，叶色深，病害少，品质好；阴天及光照不足时，茎叶细长，叶片薄且色浅，易徒长感病，同化作用弱，糖分积累少，果实品质较差。但烈日暴晒瓜面时，易产生日灼危害，可采用叶片及杂草遮盖、翻瓜等措施避免日灼，提高果实品质。

4）土壤。甜瓜对土壤物理性状的要求与西瓜基本相同，最适宜甜瓜生长发育的土壤是土层深厚、有机质丰富、肥沃而通气良好的壤土或沙质壤土。

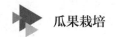

适合甜瓜根系生长的土壤 pH 值为 6～6.8。甜瓜也能忍受一定程度的盐碱，在 pH 值为 8～9 的碱性土壤中仍能生长发育。在生产中，土壤总含盐量 1.52% 是甜瓜的耐盐极限。

二、西瓜、甜瓜的优良品种

1. 西瓜的优良品种

（1）小型西瓜。小型西瓜是指普通食用西瓜中果形较小的一类，单瓜重为 1～2.5 kg，故又称袖珍西瓜、迷你西瓜等。

1）春光（见图 1-1）。春光由合肥华夏西瓜甜瓜育种家联谊会育成。极早熟，大棚早熟栽培时，果实生育天数为 28～32 天，全生育期 97 天左右；后期露地地膜覆盖早熟栽培时，果实生育天数为 28 天左右，全生育期 86 天左右。植株生长稳健，抗病、抗逆性强，适应性广，耐低温，做特早熟栽培时，在低温下生长性好。在早春不良条件下雌、雄花分化正常，坐果性好，易栽培。单株结瓜多，宜采用二蔓或三蔓整枝，在第二至第三雌花节位上留果。生育期内需肥量比普通西瓜少 30%～40%，产量稳定。果实椭圆形，果形指数（纵径／横径）1.3 左右。果皮为翠绿色，上有墨绿色细条纹，外观美观。果皮厚 0.2～0.3 cm，薄而有韧性，耐储运。果肉粉红色，肉质细嫩爽口，中心折光糖含量在 13% 左右，糖度梯度小，风味极佳。单瓜重 1.5～2.5 kg。

2）早春红玉。早春红玉是从日本引进的杂交品种一代。极早熟，果实生育天数为 30～35 天。低温弱光下雌花的着生和坐果性好，植株生长势强，适合温室大棚促成栽培。果实椭圆形。果皮绿色，上有墨绿色细条纹，外观美观。果皮厚 0.2～0.5 cm，薄而有韧性，不易裂果，耐运输。果肉深红色，纤维少，中心折光糖含量在 12% 以上，口味极佳。单瓜重 2 kg 左右。

3）圣女红 3 号（见图 1-2）。圣女红 3 号由上海市农业科学院园艺研究所育成。

图 1-1　西瓜品种——春光　　　　图 1-2　西瓜品种——圣女红 3 号

圣女红 3 号属特早熟有籽小果型西瓜品种，果实发育期约 28 天。果实椭圆形。果皮翠绿底覆墨绿窄锐齿条，果皮厚约 0.45 cm。单瓜重 2.2～2.5 kg。果实中心折光糖含量为 12.5% 以上，边缘折光糖含量为 9% 以上。果肉浓粉红色，肉质松脆较致密，多汁爽口，品质佳。果皮韧，耐运输。该品种耐低温弱光、耐潮湿，栽培适应性广。

4）拿比特。拿比特是从日本引进的杂交品种一代。极早熟，生育强健，耐运输。低温坐果性好，植株生长势强，适合温室大棚促成栽培。果实椭圆形。果皮为花皮，淡绿色底上覆深绿色条斑。果肉红色，肉质细嫩多汁，纤维少。中心折光糖含量在 12%～13% 之间，边缘糖度较高，可食率高。果皮有韧性、不易裂果。单瓜重 2 kg 左右。

5）万福来。万福来是从韩国引进的杂交品种一代。极早熟，生长旺盛。果实椭圆形，果实小。果皮绿色，上有细条纹，外观及品质极似早春红玉。果皮薄，约 0.5 cm。果肉鲜红色，果实中心折光糖含量在 13% 左右，纤维少，口感好。坐果性能好，在低温弱光条件下也能正常坐果，且连续坐果保果能力强，产量稳定。单瓜重 1.8 kg 左右。

6）红小玉。目前市场上称为红小玉的品种有两个，一个是从日本引进的杂交品种一代，另一个是由湖南省瓜类研究所育成的杂交品种一代。生长势中等偏上，低温坐果和连续坐果性能良好，一株 3～5 个果。外观漂亮，果皮翠绿，条纹细而清晰。果皮薄，果实为高球形。果肉桃红色，果实中心折光糖含量在 12% 以上，肉质细洁，粗纤维少，汁水多，味鲜甜，品质佳。单瓜重 2 kg 左右。栽培时应注意控制水分，防止裂果。

7）黑美人。黑美人是我国台湾地区农友种苗股份有限公司育成的杂交品种一代。极早熟。主蔓 6～7 节出现第一雌花，雌花着生密，夏秋季开花至果实成熟仅需 22 天。生长健壮，抗病，耐湿，夏秋季栽培表现突出。果实长椭圆形。果皮黑绿色，有不明显黑色斑纹，厚 0.8～1 cm，有韧性，极耐储运，不易空心。果肉深红色，果实中心折光糖含量为 12%～13%，边缘糖度为 10% 左右，糖度梯度较小，汁水多，味甜而爽口，与春光、早春红玉相比，肉质稍粗且硬一些。单瓜重 2.5 kg 左右。栽培中不易裂果，是夏季高温、高湿条件下和塑料小环棚栽培的理想品种。

8）秀玲。秀玲是由我国台湾地区农友种苗股份有限公司育成的特早熟品种。生长强健，外观优美。果皮为淡绿色底上覆青黑色狭条斑，坚韧，耐储运。果肉细嫩多汁，果实中心折光糖含量为 11%～12%。种子花褐色。单瓜重 2～3 kg。第二次结果品质仍较稳定。

9）特小凤。特小凤是由我国台湾地区农友种苗股份有限公司育成的杂交品种一代，属于黄肉类小型西瓜品种。极早熟。主蔓 5～6 节出现第一雌花，雌花着生密，开花后在 22～25 ℃正常温度下成熟。生长稳健，耐低温弱光，适宜于塑料大棚早春设施栽培。果实圆形或高圆形。单瓜重 1.5～2.0 kg。果形整齐，果皮深绿色覆有墨绿色条带，厚 0.1 ~ 0.4 cm，但不耐储运。果肉晶黄色，肉质细嫩无渣、脆爽，甜而多汁，中心折光糖含量为 12% 左右，边缘糖度不低于 8%，口感极佳。种子特少。在高温多雨时期结果，稍易裂果，栽培时应注意控水并避免果实在雨季发育。

10）小兰。小兰是我国台湾地区农友种苗股份有限公司育成的杂交品种一代，属于黄肉类小型西瓜品种。极早熟，结果力强。果实圆球形至微长球形。果皮为淡绿色底上覆青色狭条斑。单瓜重 1.5 ~ 2 kg。果肉黄色晶亮，种子小而少。果皮较特小凤略厚，韧性也有增加。生长习性、栽培技术同特小凤，裂瓜较特小凤少。

11）黄晶（见图 1-3）。黄晶由上海市农业科学院园艺研究所育成，属特早熟有籽小果型西瓜品种。果实发育期约 26 天。果实椭圆形。果皮金黄色覆橙黄隐网纹。果皮厚约 0.5 cm，单瓜重 2.0 ~ 2.5 kg。果实中心折光糖含量为 11% 以上，边缘折光糖含量为 9% 以上。果肉金黄色，肉质松脆细嫩，多汁爽口，品质佳。果皮韧，耐运输。该品种耐低温、耐弱光、耐潮湿，栽培适应性广。

12）三林浜瓜。三林浜瓜是上海郊区地方品种。中熟，全生育期 105 天，果实生育天数 34 天，植株生长势中等偏旺，易坐果。第一朵雌花着生在主蔓第 8 ~ 9 节，间隔 7 节再出现一朵雌花。果实长椭圆形，果形指数 1.8。果皮绿色，上有深绿色细网条，表面光滑，厚 0.5 cm，不耐储运。果肉橘黄色，肉质细、脆沙，口感好，果实中心折光糖含量在 9.8% 左右，边缘糖度为 9%，品质中等偏上。种子中等偏大，种皮红色，千粒重 95 g。单瓜重 1.5 ~ 2.5 kg。

（2）中型西瓜。中型西瓜是相对于小型西瓜和大型西瓜而言的，是指在正常发育情况下单瓜重 2.5 ~ 10 kg 的一类西瓜。

1）早佳（8424）（见图 1-4）。早佳由新疆农业科学院园艺作物研究所与新疆葡萄瓜果开发研究中心合作育成，属于早熟品种，全生育期 70 ~ 76 天，果实生育天数 30 天。植株长势中等，第一雌花出现在主蔓第 8 节，以后每隔 3 ~ 4 节再出现一朵雌花，易坐果。果实圆形。果皮绿色，覆有多道墨绿色条带，整齐而美观，皮厚 1 cm。果肉

图 1-3　西瓜品种——黄晶

图 1-4　西瓜品种——早佳（8424）

红色，肉质松脆、细嫩、多汁，不倒瓤，果实中心折光糖含量约为11.1%，高者可达12.8%，边缘糖度为9.8%，糖度梯度小，品质好，风味佳。平均单瓜重3 kg左右，有的瓜重达到9 kg。

2）京欣1号。京欣1号由北京市农业科学院蔬菜研究中心与日本西瓜专家森田欣一合作育成，属于早熟品种，全生育期80~90天，果实生育天数30天左右。植株生长势平稳，分枝习性中等，坐果习性好。第一雌花出现在主蔓第8~10节，以后每隔4~5节出现一朵雌花。子蔓第一雌花出现在子蔓第7节，以后每隔4~5节出现一朵雌花。果形整齐，果实高圆形。果皮绿色，上覆多条墨绿色齿带，有蜡粉，厚1 cm左右。果肉桃红色，肉质脆嫩，不空心，纤维含量少，果实中心折光糖含量为11%~12%，边缘糖度8%，口感好，品质佳。单瓜重4~5 kg。

3）抗病948（见图1-5）。抗病948由上海市农业科学院园艺研究所育成，属于中早熟有籽西瓜品种，果实发育期约33天。该品种抗西瓜枯萎病兼抗西瓜蔓枯病，在南方多阴雨或弱光照条件下易坐果。果实高圆球形。果皮翠绿底覆墨绿清晰细条带，果形秀美。果皮厚约1.1 cm。单瓜重5~8 kg。果实中心折光糖含量为11%~12%，边缘折光糖含量9%以上。果肉浓粉红色，肉质细嫩松脆，多汁爽口，品质佳。果皮韧，耐运输。栽培时应施足底肥，重施膨瓜肥，并保障充足水分供应。该品种适合上海及周边地区大、中、小环棚覆盖，地膜覆盖或露地栽培。

4）申抗988（见图1-6）。申抗988由上海市农业科学院园艺研究所育成，属于早中熟有籽西瓜品种，果实发育期约33天。果实高圆球形。果皮浅绿底覆墨绿中宽条带，果皮厚约1.2 cm。单瓜重5~8 kg。果实中心折光糖含量12%以上，边缘折光糖含量8.5%以上。果肉浓粉红色，肉质松脆，较致密，多汁爽口，品质佳。果皮韧，耐运输。该品种抗西瓜枯萎病兼抗炭疽病，耐低温、耐弱光、耐潮湿，栽培适应性广。

图1-5 西瓜品种——抗病948

图1-6 西瓜品种——申抗988

5）平8714。平8714由浙江省平湖市西瓜豆类研究所育成，属于中早熟品种，全生育期 95 天左右，果实生育天数 32 天左右。植株生长势稳健，分枝习性中等，坐果性好，第一雌花一般着生在主蔓的第 6 节左右，以后每隔 4～6 节出现一朵雌花。果实圆球形。果皮浅绿色，果皮厚约 1 cm，硬度中等，耐储运性一般。果肉红色，肉质脆，纤维含量较少，果实中心折光糖含量在 11.5% 左右，近皮部口感风味较好。平均单瓜重 5～6 kg。

6）丰抗 1 号。丰抗 1 号由合肥丰乐种业股份有限公司育成，属于中熟品种，全生育期 98 天左右，果实生育天数 32～33 天。植株生长势强健，分枝习性好，易坐果，第一雌花一般生在主蔓的第 6～8 节上，以后每隔 6 节左右出现一朵雌花。果实圆球形。淡绿色果皮覆盖墨绿窄齿条，果皮厚约 1 cm，硬度中等，耐储运性中等。果肉红色，肉质较细脆，纤维含量少，口感较好，果实中心折光糖含量为 11.5%～12%，边缘糖度 7.5% 左右，品质较好。平均单瓜重 6～8 kg。

7）浙蜜 1 号。浙蜜 1 号由浙江大学园艺系与杭州市果树研究所合作育成，属于中熟品种，全生育期 100～105 天，果实生育天数 38 天左右。第一雌花在主蔓第 7～9 节上，以后每隔 5～7 节出现一朵雌花。植株生长势强，耐湿，抗病，易坐果。果实圆形，商品性好。果形指数 1～1.05。果皮墨绿色，带深色暗条带，果皮厚约 1 cm，皮坚硬，耐储运。瓜瓤玫瑰红色，肉质细密，味甜，果实中心折光糖含量在 11% 以上，不空心，必须在充分成熟时采收，这样才能确保品质。平均单瓜重 5 kg 以上。

8）郑杂 5 号。郑杂 5 号由中国农业科学院郑州果树研究所育成，属于早熟品种，植株生长势中等，全生育期 85～90 天，果实生育天数 28～30 天。主蔓第 5～6 节上着生第一雌花，以后每隔 6～7 节出现一朵雌花，易坐果。果实椭圆形。果皮浅绿色，上有墨绿色宽条带。果皮较薄，厚约 1 cm，耐储运性稍差。果肉红色，肉质脆沙，果实中心折光糖含量约为 10%，最高达 11.5%，边缘糖度为 6%～7%。平均单瓜重 3.5 kg，最重可达 6 kg。

9）抗病苏蜜。抗病苏蜜由江苏省农业科学院蔬菜研究所育成，属于中早熟品种，植株生长势强，全生育期 85～90 天，果实生育天数 30～32 天。高抗枯萎病兼抗炭疽病，耐重茬，生长势稳健，雌花出现早，易坐果。果实椭圆形，果形指数 1.6。果皮墨绿色，皮薄，红瓤，肉质细，果实中心折光糖含量为 10.8%～11.6%。平均单瓜重 4～5 kg，最重可达 10 kg。

10）深新 1 号。深新 1 号由新疆农业科学院园艺作物研究所育成，是无籽西瓜，果实生育天数 45 天左右，易坐果，坐果节位一致。单瓜整齐，果实圆形或高圆形，绿皮花道。瓜瓤红色，肉质细松，味甜多汁，果实中心折光糖含量约为 11.5%，边缘糖度 10%。平均单瓜重 3 kg 以上，最重可达 6 kg。

11）黑蜜 2 号。黑蜜 2 号是由中国农业科学院郑州果树研究所选育的中晚熟品种，无籽。果实圆球形，皮色墨绿，覆隐宽条带，外观形状整齐，皮厚约 1.2 cm。瓤色红，质脆，多汁，味甜，口感好，果实中心折光糖含量在 11% 以上。果皮坚韧，耐储运。单瓜重 5 ~ 7 kg。果实发育期 36 ~ 40 天。植株生长势旺，抗病性强（抗炭疽病），叶片肥大，茎蔓粗壮不易早衰，若加强肥水管理，可结第二次瓜。第一朵雌花出现在主蔓第 13 ~ 15 节上，以后每隔 5 ~ 6 节出现一朵雌花。该品种增产潜力大，适应性广。

2. 甜瓜的优良品种

（1）薄皮甜瓜。薄皮甜瓜又称东方甜瓜。薄皮甜瓜植株较小，生长势中等，叶色深绿，叶片、花、果实、种子均较小，果皮、果肉薄，常具香味，瓜瓤与汁液极甜，可以连皮带瓤一起食用，但不耐储运。现就长三角地区的主栽品种介绍如下。

1）十条筋黄金瓜。十条筋黄金瓜是上海、浙江一带地方品种，中熟，全生育期 90 天左右，果实发育期 30 ~ 32 天。果实长卵形，果皮金黄色且有 10 条白色纵条，故名十条筋黄金瓜。瓜形美观，果肉白色，肉厚 1.8 cm，质脆味甜，果实中心折光糖含量在 10% 以上。单瓜重 250 ~ 500 g。种子淡黄色，千粒重 13 g。

2）海冬青。海冬青是上海、浙江一带地方品种，中熟，全生育期 87 天，果实发育期 30 天。果实长卵形，果顶稍大，果脐突出。果皮灰绿色，有浓绿细纵条，皮脆，不耐储运。果肉绿色，肉质脆硬，微香，果实中心折光糖含量约 13%，品质优。最大单瓜重 800 g，平均单瓜重 500 g。种子粉白色，千粒重 12.3 g。

3）亭林雪瓜。亭林雪瓜是上海市金山区亭林乡林家桥地区的珍贵农家品种。果实高圆形，果皮乳白色，有棱沟 10 条。果肉绿白色，肉厚 1.5 ~ 2 cm。汁多，味甜，质脆嫩，果实中心折光糖含量约为 13%，品质极佳。孙蔓结瓜，单瓜重 300 g 左右，坐果率极高，单株结瓜数可达 14 个以上。缺点是易感病，不耐储运。

4）青皮绿肉。青皮绿肉是上海、浙江一带的地方品种，早熟，全生育期 81 天左右，果实发育期 28 天。果实卵圆形，果皮灰绿色，有浅沟，皮脆不耐储运。果肉绿色，肉厚 2.3 cm，肉细，汁多，果实中心折光糖含量约 12%。最大单瓜重 1 000 g，平均单瓜重 500 g 左右。

5）20 世纪。20 世纪又称上海蜜瓜，20 世纪 30 年代从日本引进，属于小型中熟薄皮甜瓜，全生育期 118 天左右，果实发育期 32 ~ 35 天。耐湿，不耐病，不耐储运。果实外形、大小和品质略有差异，果实扁圆形或圆球形，果面平滑。果实转熟时为黄绿色或淡绿色，略有香味，果皮厚 1.4 cm。果肉绿白色，厚 1.8 ~ 2.2 cm，肉质脆嫩，味道甜美，风味极佳，果实中心折光糖含量在 13% ~ 15%，成熟时蒂部有环状裂痕。单瓜重 400 ~ 550 g。

6）齐贤蜜瓜。齐贤蜜瓜是 20 世纪 80 年代初由上海市奉贤区齐贤镇丁家村一农户

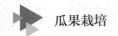
买回的甜瓜种子，经长期选留种育成的。青皮绿肉，扁圆形，口感好，有香味，果实中心折光糖含量为15%~18%。喜温，喜光，怕雨涝，适宜春夏季种植，每亩栽500株左右，一般5月份播种、定植，7月中下旬开始成熟。单瓜重400g左右。

（2）厚皮甜瓜。厚皮甜瓜，根据其果实的特性和外观，大致可分为光皮厚皮甜瓜、哈密瓜和网纹甜瓜三大品种。以下介绍长三角地区的厚皮甜瓜主栽品种。

1）西薄洛托（见图1-7）。西薄洛托由日本八江农芸株式会社育成，早熟，优质，高产，外形美观，果实发育期40~45天。植株生长势前弱后强，结2~3次瓜的能力强，抗病和抗逆能力较强。果实圆球形，果皮白色透明，果面光滑，果肉白色味美，具有香味，肉质厚实、松脆、水分多，果实中心折光糖含量在15%~17%。单瓜重约1.2kg。

图1-7　甜瓜品种——西薄洛托

2）古拉巴。古拉巴由日本八江农芸株式会社育成，早熟，优质，高产，外形美观，果实发育期40~45天。低温结果力和坐果性较强。果实高圆形，果皮白绿有透明感，果面光滑，外观高雅，果肉绿色，果肉厚，肉质细嫩，多汁，果实中心折光糖含量为15%~16%。单瓜重1.2kg左右。

3）玉姑（见图1-8）。玉姑由我国台湾地区农友种苗股份有限公司选育，中熟，果实发育期40~45天。植株生长势强，叶片大，茎粗壮，侧枝多，优质，抗病，糖度高。高温时品质稳定，耐低温，早春低温环境下结果力强，丰产性好，耐储运，产品适销。果实高球形，果皮淡绿白色，果面光滑，偶有稀少网纹，果肉淡绿色，果肉厚4.5cm，肉质柔软细嫩，汁多味甜，风味鲜美，果实中心折光糖含量为16%~18%。单瓜重1~1.4kg。

4）红优（见图1-9）。红优由上海市农业科学院园艺研究所育成。该品种春季果

图1-8　甜瓜品种——玉姑

图1-9　甜瓜品种——红优

实发育期 40 天, 夏秋季 38 天左右。单瓜重 1.7 kg 左右。果实椭圆形, 果皮乳白色。果实中心折光糖含量 17% 以上, 果肉橘红色, 肉质脆嫩爽口, 品质优。耐热性强, 适合南方地区春秋季设施栽培, 秋季栽培抗早衰性好。

5) 女神。女神由我国台湾地区农友种苗股份有限公司选育, 较早熟, 果实发育期 40~45 天。低温结果能力强, 耐储运, 耐蔓割病。果实短椭圆形, 果皮淡白色, 果面光滑或偶有稀少网纹, 果肉淡绿色, 肉质柔软细嫩, 果实中心折光糖含量为 14%~16%。单瓜重 1.5 kg 左右。

6) 美玉。极早熟, 全生育期 105 天, 果实发育期 35~40 天。植株生长势中等偏强, 抗病强。果实椭圆形, 果皮乳白色, 果肉青白色, 果肉厚 3.5 cm 左右, 瓜腔小, 果肉甘甜多汁, 风味清香纯正, 果实中心折光糖含量为 15%~17%。单株结果 1.5 个, 单瓜重 1~1.5 kg, 最重可达 2 kg。

7) 蜜世界。蜜世界又名蜜露, 由我国台湾地区农友种苗股份有限公司选育, 中熟, 果实发育期 45~55 天。植株生长势强, 优质, 抗病, 糖度高, 丰产性好, 耐储运。果实高圆形, 果皮淡白绿色, 果面光滑, 偶有稀少网纹。果肉淡绿色, 果肉厚, 肉质柔软、细嫩多汁, 风味鲜美。果实刚采收时肉质较硬, 经后熟数天果肉软化后食用, 汁水特别多, 风味更佳, 果实中心折光糖含量为 14%~16%。单瓜重 1~1.5 kg。

8) 蜜天下。蜜天下由我国台湾地区农友种苗股份有限公司选育, 早熟, 果实发育期 40~45 天。植株生长势强, 优质, 抗病, 糖度高, 高温时品质稳定, 丰产性好, 耐储运。果实高球形, 果皮淡白色, 果面光滑或偶有稀少网纹。果肉淡绿色, 果肉厚, 肉质细嫩多汁, 风味鲜美。果实刚采收时肉质较硬, 经后熟数天果肉软化后食用, 汁水特别多, 风味更佳, 果实中心折光糖含量为 15%~17%。单瓜重 1~1.5 kg。

9) 伊丽莎白 (见图 1-10)。伊丽莎白是日本品种, 现已有多家国内育种和科研单位生产。特早熟, 优质, 丰产, 外观美, 在适宜温度下果实发育期 30~35 天。抗病、抗逆能力较强。果面黄艳光滑, 果肉厚 2.5 cm 左右, 汁多味甜, 具有浓郁香味, 果形整齐, 坐果性好, 果实转熟快, 种子黄色, 果实中心折光糖含量为 14%~16%。单瓜重 400~600 g。

图 1-10 甜瓜品种——伊丽莎白

10) 朱丽亚。朱丽亚是日本品种, 果形为高圆形, 外皮金黄色, 富有光泽。单瓜重 1.2~2.5 kg, 是伊丽莎白的 2~3 倍。果肉白色, 种腔较小, 圆形, 果肉厚 3.5 cm, 薄皮, 香气浓郁, 松脆多汁, 甘甜, 果实中心折光糖含量为 13% 以上, 口感好。

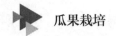

11）状元。状元由我国台湾地区农友种苗股份有限公司选育，早熟，果实发育期35天。植株生长势强，坐果性好，果实膨大速度快，皮硬，耐储运，不易裂果，抗病性一般。果实橄榄形，脐小，果皮金黄色，果肉乳白色，肉质细嫩味甜，果实中心折光糖含量为14%～16%。单瓜重约1.5 kg，大果可达3 kg。株型小，适宜密植。

12）迎春。迎春又称黄中王，中早熟，在适宜温度下果实发育期35～40天。植株生长势健旺，坐果容易，丰产性好，耐低温，耐弱光，抗病性较强，极耐储运。外观美，果形整齐，双蔓同时留双瓜，果面亮艳光洁，果皮深金黄色或黄红色。果肉厚2.8 cm左右，汁多味甜，果实有淡香味，不落蒂，中心折光糖含量为14%～16%。单瓜重0.75～1 kg。

13）金辉一号。金辉一号由上海市农业科学院园艺作物研究所育成。春季全生育期110天左右，夏、秋季全生育期90天左右。果实发育期春季43天，夏、秋季40天左右。植株生长势中等，节间较长，极耐储藏。果实椭圆形，果皮金黄色，果肉浅橘红色，果肉厚4 cm左右，肉质脆嫩爽口，果实中心折光糖含量为16%左右。单瓜重1.5～2.5 kg。

14）雪里红（见图1-11）。雪里红由新疆农业科学院园艺作物研究所育成，母本为多亲杂交自交系，父本为改良后的新疆早熟品种。早中熟，果实发育期40天。果皮白色，偶有稀疏网纹，成熟时白里透红，果肉浅红色，肉质细嫩，松脆爽口，果实中心折光糖含量为15%左右。栽培时应注意预防蔓枯病。

15）东方蜜1号（见图1-12）。东方蜜1号由上海市农业科学院园艺研究所育成。该品种果实发育期40～45天。果实椭圆形，白皮带细纹，单瓜重1.5 kg左右。果肉橙红色，厚4 cm左右，肉质松脆、细腻、多汁，口感风味极佳，果实中心折光糖含量为16%左右。植株生长势较强，综合抗性好，容易坐果，适合各类设施和保护地栽培。后期要严格控制灌水，适时采收，谨防裂果。

图1-11 哈密瓜品种——雪里红

图1-12 哈密瓜品种——东方蜜1号

16）哈密红（见图1-13）。哈密红由上海市农业科学院园艺作物研究所育成。该品种植株生长势中等，分枝性强，叶色浓绿，叶形呈心形，子蔓结果，结实花多，不易化瓜，秋季全生育期在100天左右。极耐高温，尤其在南方夏秋季设施栽培不早衰、不裂果。果实椭圆形，果皮乳白色，有稀疏的网纹。单瓜重1.8 kg左右。果肉橘红色，厚4.0 cm左右，肉质脆爽，不易发酵，水分足，清香味浓，果实中心折光糖含量为16%以上。

17）东方蜜5号（见图1-14）。东方蜜5号由上海市农业科学院园艺研究所育成。该品种果实发育期45天左右。果实椭圆形，黄绿皮全网纹。单瓜重3 kg左右。果肉橙红色，厚4.5 cm左右，果实中心折光糖含量为14%左右，肉质松脆、细腻、多汁，口感风味佳。植株生长势较强，综合抗性较好，容易坐果，适合各哈密瓜产区的设施和保护地栽培（新疆等西北地区也适合露地）。后期要严格控制灌水，适时采收，谨防裂果。

图1-13 哈密瓜品种——哈密红　　　　图1-14 哈密瓜品种——东方蜜5号

18）华蜜0526（见图1-15）。华蜜0526由上海市农业技术推广服务中心育成。该品种果实外观为青皮布满中粗、凸起较明显的网纹，果实长圆形。单瓜重1.5～3.0 kg，果实发育期45天左右。果实中心折光糖含量为15%～16%，果肉橘红色，肉质松脆。该品种对蔓枯病抗性中等偏强，对白粉病抗性一般，栽培中后期需注意预防。秋季栽培抗早衰性好。易坐果。

19）华蜜1001（见图1-16）。华蜜1001由上海市农业技术推广服务中心育成。该品种春季果实发育45天左右，夏季38～40天。果皮灰绿色，近瓜柄处有绿斑，布满中等粗细网纹。果形整齐，椭圆形。单瓜重1.5～3.0 kg。果实中心折光糖含量为16%以上，果肉橘红色，肉质较紧，品质佳。植株强壮，株型较直立，对白粉病、蔓枯病抗性强。

20）金凤凰。金凤凰由新疆农业科学院园艺作物研究所育成，母本由早、中、晚不同熟期的新疆品种与美国金黄甜瓜复合杂交育成，父本也是多亲杂交后代。中熟，果实发育期45天。中抗白粉病。果实长卵形,皮色金黄,全网纹,外观诱人,果肉浅橘色,质地细松脆,蜜甜微香,果实中心折光糖含量为15%左右。平均单瓜重2.5 kg。

图 1-15　哈密瓜品种——华蜜 0526　　　　图 1-16　哈密瓜品种——华蜜 1001

21)仙果(见图1-17)。仙果由新疆农业科学院园艺作物研究所育成,母本为金凤凰母本的姊妹系,父本为自育的厚、薄皮甜瓜杂交后代。早熟,果实发育期40天。中抗病毒病、白粉病及蔓枯病。果实长卵圆形,果皮黄绿色,覆黑花断条。果肉白色,细脆,略带果酸味,果实中心折光糖含量约16%。单瓜重1.5~2 kg。储存一个月肉质不变,仍然松脆爽口。因皮薄,栽培时要注意后期控水,谨防裂果。

22)98-18(见图1-18)。98-18由新疆农业科学院园艺作物研究所育成,有黄皮和绿皮两种类型。中熟,果实发育期45天。植株生长势较强,坐果整齐一致,耐湿、耐弱光,抗病性较强。果实卵圆形,方格网纹密而凸,果肉橘红色,质地细,稍紧脆,果实中心折光糖含量为16%以上。单瓜重1.5~2 kg。适合保护地栽培,采用单蔓整枝,一株留一果,坐果节位第11~13节。整枝后要及时涂药,以防蔓枯病。在网纹形成初期,要注意控制水分,以免形成大的网纹,影响外观。在横网纹形成期,要适当增加水分供应。

图 1-17　哈密瓜品种——仙果　　　　图 1-18　哈密瓜品种——98-18

23）阿鲁斯系列（见图1-19）。阿鲁斯系列是由日本八江农芸株式会社育成的系列网纹甜瓜，分春、夏和秋冬三大系列，每个系列有若干品种，能为不同地区、季节提供最佳品种选择。该系列品种网纹漂亮，坐果性好，无论是外观还是品质均为上等。低温坐果性强，具有在高温下生长的特点，适应性广，易栽培管理。

图1-19　网纹瓜品种——阿鲁斯

24）翠蜜。翠蜜由我国台湾地区农友种苗股份有限公司育成。果实发育期约50天。生长强健，栽培容易，不易脱蒂，果硬，耐储运。果实高球形或微长球形，果皮灰绿色，网纹细密美丽。果肉翡翠绿色，肉质细嫩柔软，品质风味优良，果实中心折光糖含量为14%~17%，最高可达19%。单瓜重1.5 kg左右。刚采收时肉质稍硬，经2~3天后熟期，果肉即柔软。

25）春丽。春丽由上海市农业科学院园艺研究所育成。春季全生育期120天左右，夏秋季全生育期100天左右，果实发育期约52天。植株生长势强，叶大茎粗，叶色浓绿，适应性广，抗病性、抗逆性较强，后期植株生长不易早衰。果实圆形，果皮绿色，果实表面网纹凸出、粗细适中，外观极美。果肉翡翠绿色，肉质细爽多汁，果肉厚4 cm左右，肉质软硬适中且不易发酵，水分足，有清香味，果实中心折光糖含量为17%左右，高的可达18%。春季单瓜重1.5~2 kg，秋季1.5 kg左右。以保护地立架栽培为主，标准大棚每亩种植1 200株左右，连栋大棚每亩种植1 600株左右，高畦单行种植。宜采用单蔓整枝方法，单株留1瓜。

三、育苗方式和育苗技术

1. 育苗方式

（1）育苗方式的分类

1）按育苗所用的设施分类。西瓜、甜瓜的育苗方式，按育苗所用的设施，可以分为常规育苗和工厂化育苗。常规育苗是用比较简陋的设施，在较低温度下培育西瓜苗、甜瓜苗的一种方式，在当前生产中得到普遍应用。而工厂化育苗则是用较为完善的保护设施，在较高的温度和全面营养条件下进行的一种育苗方式，不仅可缩短苗龄，而且能加快幼苗培育的速度，是今后西瓜、甜瓜育苗的方向。

2）按育苗床的环境控制程度分类。西瓜、甜瓜的育苗方式，按育苗床的环境控制

程度，可以分为冷床育苗和温床育苗。生产中，地膜覆盖栽培与小环棚栽培的育苗方式主要是冷床育苗，而温床育苗大多在大棚和特早熟小环棚栽培时采用。

3）按育苗所用的介质分类。西瓜、甜瓜的育苗方式，按育苗所用的介质，可以分为营养土育苗和基质育苗。营养土育苗又有小环棚营养土育苗和大棚营养土育苗两种，前者育苗棚内温度难以控制，而后者是目前长三角地区主要的育苗方式，在大棚中用多层膜覆盖，保持棚内较高的温度，利用电热线加温技术提高幼苗的根际温度，在冬季或早春获得优质的西瓜、甜瓜种苗。基质育苗往往应用于工厂化育苗，利用现代化温室和工业化的种苗生产设备，大大提高了种苗生产效率，降低了育苗风险，提高了种苗质量。

（2）主要育苗方式。不同大小的西瓜、甜瓜幼苗需采用不同的育苗方式加以培育。

1）子叶苗培育。子叶苗培育是指培育苗龄7～10天，子叶已充分平展的小苗，其标准是子叶肥厚、平展，下胚轴短而粗壮，根系完整。因子叶苗根系尚小，移栽较易成活，故可不带土。培育子叶苗设备简单，技术容易掌握，但应严格控制苗龄，如苗龄过大，移栽时伤根，则成活困难或易形成僵苗。

2）小苗带土育苗。小苗带土育苗是指培育具有1～2片真叶、苗龄20～25天的健壮小苗。因小苗的发育程度和根系伸展范围较子叶苗大，故应用口径5～6 cm的纸钵或营养土块保护根系。其特点是苗龄短，移植时伤根少，易成活，发苗快，所需设备不多，成本低，育苗技术简单，便于推广，但必须保护好小苗根系。

3）大苗带土育苗。大苗带土育苗是指在保温条件下培育具有3～4片真叶、苗龄30～35天的大苗，使生育期提早，这是早熟栽培的一项重要措施。大苗并非越大越好，因为苗龄越大，移栽时根的损伤越大，缓苗越困难。西瓜的适宜大苗苗龄一般以3～4片真叶为宜，故育苗容器应以口径8～10 cm的塑料钵为宜。因大苗育苗期外界气温较低，育苗难度较大，故对苗床的保温设施要求较高。

2. 育苗技术

以西瓜春季大棚早熟栽培育苗技术为例：

（1）播期确定。经过多年的实践，以4月15日左右（此时雨水开始减少，气温逐步稳定），瓜秧主蔓节位长至18～20节，第10～12节位第二朵雌花开放并授粉结瓜为依据来推算，长三角地区中小型西瓜春季大棚早熟栽培的最佳播种期，即爬地式栽培的适宜播种期一般为1月下旬至2月初，全立架式栽培的适宜播种期为2月10日左右。如过早播种（12月），西瓜则在气温开始回升、冷暖空气交会频繁的3月底4月初就进入开花期，生产中易因雌、雄花花期不遇或花粉少、花粉活力低而难以坐果，又因结不住瓜而瓜藤生长过旺，推迟结瓜和上市时间。

（2）营养土配制。常见的营养土配方有两个：一是腐熟的猪榭 8%～10%、过磷酸钙 1%、床土 90%；二是腐熟饼肥 5%、过磷酸钙 1%、床土 94%。床土宜选择肥沃、疏松、近四五年来未种过葫芦科和茄果类作物的水稻田表土，并在使用前 1～2 个月将各种材料混合均匀，堆制、过筛后备用。

（3）营养土消毒和制钵

1）在播种前 7～10 天对营养土进行消毒。按每 500 kg 营养土，加 50% 敌克松可湿性粉剂 40～50 g；或按每 500 kg 营养土，加 30% 的苗菌敌一包（20 g），充分拌和均匀后制钵、做盖籽泥。

2）仅对做盖籽泥的营养土参照上述方法进行消毒，对于营养钵内的营养土，按照播种前需浇透水的要求，在下种前用 30% 苗菌敌的 800 倍液喷施在苗床床面上进行消毒，然后播种。营养钵可采用泥钵或塑料钵，钵体摆放整齐。一般钵体高度和直径均为 8～10 cm。

（4）苗床的设置。采用电加热温床育苗的方法，其步骤如下。

1）苗床建造。在大棚内的畦面上做一水平地面，即平整床底，并在苗床底部浇注 90% 晶体敌百虫的 800 倍液，以防止蝼蛄等地下害虫为害。其上铺一层薄的稻草或砻糠，作为隔热层（厚度为 1～2 cm）。

2）布线（见图 1-20）。布线时选用线长 120 m、功率 1 000 W 或线长 100 m、功率 800 W 的电加温线。布线时苗床两侧宜布得稍密些，两线间距为 6～8 cm；中间稍稀些，两线间距为 8～10 cm。在床的两端按要求插入小木棒，其间来回布线，线要拉紧不能松动，线与线不能重叠、交叉、打结，以防通电后烧毁线路。需用多根电加热线的，则各根电加热线的引线要引向同侧，在单相电路中并联后与电源相接。

3）布线后在电加热线上面排放苗钵，苗钵放满苗床后，苗床四周宜用土封住，以防散热。如电加热线配有控温仪，便可自如地调节、控制温度，得到较为理想的土壤温度。

（5）种子处理

1）晒种与选种。播种前选晴天晒种 2 天，既可使种子干燥均匀，提高种

图 1-20　电加热温床育苗的田间布线

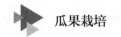

子的发芽势和发芽率，又可杀死附在种子外表的大部分病菌，从而减少由种子传播的一些病害的发生。同时选出饱满的种子，剔除瘪种和畸形的种子。

2）浸种。将种子放入 55 ℃的温水中并搅拌 15 min，然后让其自然冷却并浸种4～6 h。

3）催芽。浸种后的种子，表面附着有黏液，应先用水冲洗，用手轻搓种子，洗净黏液后用毛巾擦拭干净，然后催芽。西瓜种子的催芽方法有许多，下面介绍两种常见的方法。

①恒温箱催芽法。这种方法即采用具有自动控温装置、能使温度恒定的恒温箱进行催芽，最为安全可靠。催芽时先将控制盘或控制旋钮调到适宜的刻度上，打开电源通电加热，使箱内温度恒定在 28～30 ℃。然后将湿纱布或湿毛巾放在浅盘等容器上，再把种子平摊在湿纱布或湿毛巾上，种子要摊匀。接着，在种子上盖 1～3 层湿纱布，将浅盘放入恒温箱中，进行催芽。

②人体催芽法。这种方法既安全又简便，在需处理的种子较少时非常实用。具体方法是将种子用湿纱布包好，装入两层塑料袋内（塑料袋应完整无损），扎好袋口，放在贴身衣服的外面。一般 24 h 后开始出芽，当大部分种子露白时即可播种。

（6）播种。播种时，钵体摆放面应平整、排紧，以利于保温保水。下种前钵体要浇透水，一钵播一粒种子，种子需平放，对芽尖较长的种子采取芽尖向下的播种位置，然后均匀地覆上厚约 1 cm、经消毒处理过的细营养土。播种后在钵体上面覆盖一层地膜，防止水分蒸发，然后搭小环棚盖薄膜保温。

出苗过程中，往往会出现种壳不易脱落的"戴帽"现象，影响秧苗子叶展开和幼苗生长。凡发生此现象，可在早晨及时进行人工摘除，注意不能伤及子叶。

（7）苗床管理

1）温度管理。采用"二高二低"法变温管理，即播种后至出苗前的床温应保持白天 28～32 ℃，夜间 18～20 ℃，以确保正常齐苗；出苗后至第一片真叶展开期间的床温应适当降低，保持白天 25～28 ℃，夜间 15～16 ℃，以防下胚轴生长过快，形成高脚苗；从第一片真叶展开至第三片真叶出现，应适当提高床温，保持白天 30～32 ℃，夜间 18～20 ℃，以使真叶早早长出；从第三片真叶出现至移栽前 3 天，这个阶段要适当增加通风，降低床温，使之逐步适应定植后的大田环境。

2）水分管理。出苗后至第一片真叶展开期间应严格控制水分，以防幼苗猝倒病的发生和徒长。第一片真叶出现后到第三片真叶出现前，应视苗床钵体的干湿程度于晴天的午前适量浇水，浇后待植株表面和土表水分蒸发、水渍收干后再盖塑料薄膜。定植前，苗床隔天要打防病药水。

3）通风和光照管理。育苗应采用新的塑料薄膜。同时，通风降湿是防止幼苗病害发生的关键。因此，齐苗后在床温许可的范围内，应尽量揭开小环棚塑料薄膜，增加通风，降低苗床空气湿度。如遇阴雨天，在中午前后也要进行短时间的通风降湿，增加光照。

（8）壮苗的主要特征。定植时，西瓜壮苗的形态特征是子叶完整，下胚轴粗壮，真叶叶片厚，叶色浓绿，根系发育好、无损伤。从数量指标来看，秧龄 30～35 天，叶龄 3～3.5 片，苗高不超过 10 cm。

四、做畦盖膜和定植

1. 田块选择

选用地下水位低、排灌方便、土质疏松、肥力好、近四五年未种过瓜类的田块。

2. 深耕细作，施足基肥

在秋季水稻收获后即行翻耕，深度 25～30 cm。定植前 20～30 天，将土壤冬捣 1～2 次，同时开好配套沟系（大明沟、操作沟和棚外围沟），并一次性全耕层施足基肥，一般每亩施腐熟有机肥 1 000～1 500 kg 或商品有机肥 300～400 kg、三元复合肥（N：P：K=15：15：15，下同）25～30 kg 和过磷酸钙 50 kg，或堆制过的饼肥 150 kg、三元复合肥 25～30 kg 和过磷酸钙 50 kg。

3. 整地做畦

一般 6～6.5 m 宽的大棚做 2 畦，畦高 0.25～0.3 m，畦面呈龟背形或斜坡形。

4. 搭棚和铺地膜

定植前 15～20 天，应搭好大棚、盖好膜，以提高地温和棚内气温，达到预热瓜路的目的。

特早熟栽培的棚型结构为五层多功能膜覆盖的钢管大棚和竹片大棚。棚膜（天膜）厚 0.08～0.1 mm、宽 8～9 m，第二层膜（内中棚膜）厚 0.05～0.06 mm、宽 3～3.5 m，第三层膜（内小棚膜）厚 0.05～0.06 mm、宽 2.5～3 m，第四层膜（内简易小棚膜）厚 0.015～0.02 mm、宽 1.5～2 m，第五层膜（地膜）厚 0.01～0.012 mm，覆盖整个畦面。

早熟栽培的棚型结构为四层多功能膜覆盖的竹片大棚，与特早熟栽培的棚型结构相比，少了第三层膜。

5. 定植

（1）定植时期。定植应以秧龄和叶龄、大棚内的地温是否已接近或达到 12 ℃，以及移栽时的天气晴好条件为依据，一般在 2 月下旬到 3 月上旬定植。

（2）栽植密度。二蔓整枝的亩栽 600 株左右，三蔓整枝的亩栽 450 株左右，即每亩保持 1 200 ~ 1 350 根蔓。

定植行可在畦的中间或操作沟的两边。定植时应先按株距破膜挖好苗穴，然后将苗钵放入，钵的四周及底部应用土填实，然后视土壤干湿度浇好活棵水。撕开的膜应围绕秧苗四周铺平，并盖土封口，以保温保湿。定植结束后，覆盖好小环棚膜。

五、主要生理性病害及其防治方法

西瓜、甜瓜的主要生理性病害及其防治方法见表 1-1。

表 1-1　　　　　　　　　西瓜、甜瓜的主要生理性病害及其防治方法

生理性病害	元素的作用	病害症状	防治方法
缺氮	氮是蛋白质、核酸、原生质、叶绿素和酶等生命物质的重要成分，是生长发育等一切生命活动的重要物质基础	1）从下位叶到上位叶逐渐变黄 2）开始时叶脉间黄化，叶脉凸出可见，最后全叶黄化 3）上位叶变小，不黄化 4）植株、果实均发育不良	1）在出现缺氮症状时，可施用硝酸系肥料等速效肥料 2）缺氮时可追施稀淡液肥，也可在叶面喷施氮肥
缺磷	磷是细胞核蛋白、核酸和磷脂的组成部分，与各种生物化学反应密切相关。在各种矿质营养中，磷能最大限度地影响甜瓜果实中糖分的积累。因此，合理施用磷肥对甜瓜有十分良好的效果	1）苗期叶色浓绿、硬化、矮化 2）叶片小，稍微向上挺 3）严重时，下位叶发生不规则的退绿斑	1）缺磷时，在甜瓜生长发育过程中采取对策比较困难，因此应在定植前计划施用好肥料 2）施用充足的有机质肥料 3）在生长的中后期，可在叶面喷洒 0.1% 的磷酸二氢钾水溶液
缺钾	钾与碳水化合物、蛋白质的合成密切相关，对原生质的生命活动、光合作用及同化产物的运输也有很大影响，对提高甜瓜产量、品质和抗病性具有很好的促进作用	1）在甜瓜生长早期，叶缘出现轻微的黄化，在次序上先是叶缘，然后是叶脉间黄化，顺序很明显 2）在生育的中后期，中位叶附近出现上述症状 3）叶缘枯死，随着叶片不断生长，叶向外侧卷曲	1）施用足够的钾肥，特别是在生长的中后期，可在叶面喷洒 0.1% 的磷酸二氢钾水溶液 2）施用充足的有机质肥料 3）如果钾不足，可平均每亩一次追施 3 ~ 4.5 kg 的硫酸钾

续表

生理性病害	元素的作用	病害症状	防治方法
缺钙	钙的生理作用至今尚不完全明确。但研究证实，钙是细胞膜、细胞壁的重要成分，对新陈代谢、生长发育和各组织、器官的形体建成有十分重要的作用	1）上位叶形状稍小，向内侧或向外侧卷曲 2）在长时间连续低温、日照不足后急剧升温的晴天高温天气下，生长点附近的叶片叶缘卷曲枯死 3）上位叶的叶脉间黄化，叶片变小，出现矮化症状	1）发生缺钙症状时，要适时灌溉，保证水分充足 2）缺钙的应急措施是施用过磷酸钙水溶液，每周两次
缺镁	镁是叶绿素形成所需的重要元素。缺镁影响叶绿素形成，导致叶片黄化，使光合作用发生障碍	1）在生长发育过程中，下位叶的表面异常，叶脉间的绿色逐渐变黄，随着其进一步发展，除了叶缘残留点绿色外，叶脉间均黄化 2）缺镁症状与缺钾症状相似，区别在于缺镁是从叶内侧开始失绿，缺钾是从叶缘开始失绿	1）避免一下子施用过量的、阻碍对镁吸收的钾、氮等肥料 2）应急措施是用1%~2%的硫酸镁水溶液喷洒叶面
缺铁	铁与甜瓜的生长发育有着密切的关系	1）植株的新叶除了叶脉全部黄化，叶脉渐渐失绿 2）腋芽出现同样的症状	1）注意土壤水分管理，防止土壤过干、过湿 2）应急措施是用0.1%~0.5%的硫酸亚铁水溶液喷洒叶面
缺硼	硼也与甜瓜的生长发育有着密切的关系	1）生长点附近的节间显著缩短 2）上位叶向外侧卷曲，叶缘部分变为褐色 3）仔细观察上位叶叶脉，可发现萎缩现象	1）要适时浇水，提高土壤可溶性硼含量，以便于植株吸收 2）应急措施是用0.12%~0.25%的硼砂或硼酸水溶液喷洒叶面

草莓栽培基础

一、草莓的生物学特性

1. 植物学特性

草莓属多年生宿根性草本植物，植物学上分类为蔷薇科草莓属，园艺学上分类为浆果类。草莓植株矮小，由于栽培品种、生长环境及季节不同，植株高低也存在一定差异，一般为 20 ~ 30 cm。草莓植株呈丛状生长，短缩茎上密集地着生叶片，顶端产生花序，下部生根。草莓的器官有根系、短缩茎、叶、花、果实和种子。

（1）根系。草莓的根系是须根状的不定根，着生在短缩茎上。不定根大多分布在土壤表层，具有固定草莓植株，从土壤中吸收水分、养分，供植株利用的功能。因此，根系生长好坏对地上部分生长具有制约作用，影响草莓的产量和品质。

草莓属的根系分布范围较窄，大部分根系分布于地表下 15 ~ 30 cm 的土层内。根系分布状况还与品种、土壤条件及种植密度等有关，生长势强的欧美品种的根系分布往往较日本品种深广。据试验，土温 20 ℃时最有利于草莓根系的生长，15 ℃时根系生长速度明显变慢，10 ℃以下时根系生长几乎停止。

草莓根系分布浅，叶面蒸腾作用耗水量大，果实生长发育也需消耗大量水分，这些因素使草莓根系对水分的要求很高，耐旱性差。缺水时，根系的生长受阻，老化加快，对养分与水分的吸收能力变弱，严重时根系会干枯至死。干旱时还会导致根系分布层土壤的盐分浓度升高，致使根系中毒。另外，土壤水分含量过高时，通气性不良，根系功能容易衰退。高温高湿时，很容易导致根系腐烂，并易诱发炭疽病与黄萎病。夏季大雨过后，若不及时排水，更易导致根系腐烂。

草莓根系适合在中性微酸土壤中生长，一般以 pH 值 5.8 ~ 6.5 为宜。土壤 pH 值小于 4 或大于 8 时，根系的生长发育均会受到阻碍，若土壤有机质含量高，pH 值为 5.6 ~ 7.0，根系也能良好生长。

（2）短缩茎。草莓植株的中心生长轴是一短缩茎。按其年龄，短缩茎分为新茎和根状茎，新茎上的腋芽可抽生出匍匐茎，故一般将草莓茎分为新茎、根状茎和匍匐茎三类。

新茎依次向上抽生新叶的同时，其下的老叶逐渐变枯脱落，叶片脱落后粗大且似山葵的黑色部分称为根茎。短缩茎中的根茎部分是营养物质的重要储藏器官。对于新苗而言，短缩茎的大小常是衡量苗质优劣的重要标志之一。

（3）叶。草莓叶为三出复叶，总叶柄长度为 10 ~ 25 cm，不同生长季节有差异。叶柄上多着生茸毛，叶柄基部与新茎相连的部分有托叶，托叶相合即成为托叶鞘，并包在新茎上。在叶柄中下部有时有两个耳叶，叶柄顶端着生 3 片小叶。叶片背面密被茸毛，上表面也有少量茸毛，质地平滑或粗糙。叶色浓绿、叶片厚、光泽强、叶柄粗壮是健康的表现。在光照不足、氮肥过多或气温高、湿度大的环境下，易出现叶柄长、叶片薄、叶色淡的徒长现象。

从心叶向外数的第 4 ~ 6 片展开叶为功能叶，光合能力强，栽培时应注意保护。随着上部新叶的抽生，下部叶逐渐衰老枯死，同化能力下降，且消耗大量养分，应注意及时摘除。

（4）花和果实。草莓的花一般为完全花，由花萼、花瓣、雄蕊及雌蕊构成，它们从外到内依次排列在花托上。草莓单株产量是由每株的新茎数、每新茎的花序数、每花序的花朵数及坐果率和果实大小决定的，因此，草莓的开花坐果对草莓产量的影响很大。

人们食用的草莓果是由花托发育而形成的，在植物学上称为聚合果，是假果的一种。而真正由受精后子房膨大形成的称为瘦果（即种子）。若没有瘦果，花托就不会膨大。生产中应特别注意使用合适的方法使花朵充分授粉。

果实的大小、色泽、形状等因品种、栽培条件的不同而有所不同。一般顶果最大，以下级次的果依次变小。草莓常见的果形有 9 种，即球形、扁球形、短圆锥形、圆锥形、长圆锥形、短楔形、楔形、长楔形、纺锤形，圆锥形和长圆锥形比较受消费者欢迎。

（5）种子。草莓的种子包于瘦果之中。瘦果附着在果实的表面，或突出于果面，

或与果面相平,或陷入果面之下,其在果面上的分布深度因品种而异。瘦果有黄色、红色等,一般红色更受欢迎。

2. 生育特点与环境条件的关系

(1)温度。草莓喜冷凉气候,抗寒性强,栽培范围广。早春植株在 2~5 ℃时可返青生长。植株生长发育的最适宜温度是 20~25 ℃。当气温达到 30 ℃以上时,生长受到抑制,长时间高温易使植株衰老死亡。

(2)光照。草莓是喜光植物,在阳光不足的条件下,易使植株衰弱,叶薄色淡,坐果不良,畸形果率高,果实着色不佳,品质降低。

(3)水分。草莓根系浅,吸收能力弱,对土壤的湿度要求较高。如果苗期缺水,将影响茎叶的正常生长;结果期缺水,将会使果实偏小,降低产量和质量。但如果湿度过大,果实易霉烂,容易引发多种真菌性病害。草莓根系耐湿性强,但植株抗涝性差,长时间积水能造成植株死亡。

(4)土壤和肥料。草莓喜微酸性土壤,以 pH 值 5.5~6.8 为宜,最适合在有机质丰富、保水能力强、通气性能好的土壤中生长,过于黏重、透气不良的土壤及低洼盐碱地不适宜栽植。草莓是喜肥作物,对肥料要求高,如果肥料不足则会影响植株生长、花芽分化及果实膨大,使其产量低、质量差,充足的养分供应能使植株健壮、花芽充实、有效花增加。在施肥上应注意氮、磷、钾相结合,磷肥、钾肥对提高草莓产量和质量有明显的效果。

二、草莓的优良品种

草莓品种繁多,它们对气候的要求各不相同,以品种所需的低温累积量为标准可分为三种类型:低温累积量在 50 h 以下的浅休眠南方型;低温累积量在 500 h 以上的深休眠北方型;低温累积量介于两者之间的中间型。除全年基本无 7.2 ℃以下低温的地区,可以选用几乎不休眠的南方型品种外,我国长江流域及北方广大地区对品种的要求没有太大差别,都可以使用中间型品种。但如果不采取特殊措施,把北方型品种直接引种到南方栽培,往往会由于低温累积量不足而导致植株矮化,矮化的植株虽能正常开花,但果实小,品质差,产量低;而把南方的品种引到北方露地栽培,往往会因低温累积量过剩而导致匍匐茎发生过多,影响草莓开花坐果。因此,在选择栽培品种时,必须首先了解当地的气候条件,合理选用品种类型。

1. 丰香

丰香是日本农林水产省以绯美子和春香杂交育成的早熟品种，1987 年引入我国，是我国各地设施栽培的主要品种之一。植株开张健壮，叶片肥大，椭圆形，浓绿色，叶柄上有钟形耳叶，不抗白粉病。花序较直立，繁殖力中等。果实圆锥形，果面有棱沟，鲜红艳丽，硬度和耐储运性中等。一级序果平均重 32 g，最大 65 g。口味香甜，味浓，肉质细软致密，可溶性固形物含量为 9% ~ 11%。休眠期浅，宜温室和大棚促成栽植。育苗期要注意防治炭疽病，开花坐果期要注意防治白粉病。

2. 丽红

丽红是从日本引进的早熟型品种。植株生长势强，植株较大且直立，叶片大，叶柄长，叶椭圆形，叶片薄，叶绿色微黄，花序斜生且低于叶面，两性花。果实大，一级序果平均重 13 g，最大果重 50 g。果实长圆锥形，果形整齐，畸形果少。果面红色，具光泽。果肉红色，质地细，果汁多，风味甜酸，有香气，可溶性固形物含量为 10% ~ 11%，品质优良。休眠性中等，适合促成和半促成栽培。育苗期容易遭受炭疽病和叶斑病的为害，开花坐果期易发生蚜虫和红蜘蛛虫害。

3. 宝交早生

宝交早生是 1979 年从日本引入我国的优秀品种，在我国南方和北方栽培均较广泛。果实大小中等，一、二级序果平均单果重 10 ~ 14.9 g，最大果重 24.0 g。果实圆锥形至楔形，大小整齐度较差。果面鲜红色，具光泽，有少量浅棱沟。果肉白色或淡橙红色，髓心中等大小，淡红色，心实或稍空。果肉细软，甜浓微酸，有香气，汁液多，可溶性固形物含量为 11% ~ 13%。鲜食品质优秀，但果皮较薄，质地柔软，不耐储运，丰产性能好。休眠中等深，需低温累积量 450 h 左右，适合露地或半促成栽培。不耐热，南方夏季育苗时叶片易发生枯焦现象。对白粉病、轮斑病抗性强，对黄萎病、灰霉病、根腐凋萎病抗性弱。

4. 女峰

女峰是从日本引进的早熟型品种，由春香与达娜两次杂交后再与丽红杂交育成。株型直立，株高超过宝交早生，但低于丽红，叶面积略大于丽红。两性花，花药小，萼片大。第一花序平均花数 15 ~ 20 朵，第二花序为 15 朵左右。匍匐茎发生早且良好，花芽开始分化期与开花期均早于宝交早生和丽红。果实圆锥形，整齐度高。果形较大，一级序果平均重 12 ~ 13 g。果面鲜红，富含光泽。果肉淡红色。果实硬度高，耐储运性强。可溶性固形物含量为 10% ~ 12%，香味浓，风味优。休眠性与丽红相似，是暖

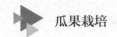

地型品种，适合促成栽培。女峰对灰霉病的抗性比宝交早生强，但很易遭受蚜虫为害，育苗高温期还易发生轮斑病。

5. 明宝

明宝是从日本引进的早熟型品种，由春香与宝交早生杂交育成，1977 年定名为明宝。明宝植株较高，株型较直立，生长势比宝交早生强，叶色稍淡，叶数略少，但单叶面积比宝交早生大，总叶面积广。匍匐茎发生略少。明宝的花芽开始分化期比宝交早生早 10 天以上，第一花序花数一般为 9 ~ 14 朵，比宝交早生少，但能连续现蕾，坐果均匀，采收期中产量的分布较均衡。果形较大，畸形果非常少，产量与宝交早生相当，但实际经济效益更高。果实圆锥形，果皮橙红色有光泽，果肉白色，具有独特芳香，可溶性固形物含量为 10% ~ 13%，风味优。该品种休眠性很浅，与丽红类似，是促成栽培的优良品种。抗白粉病相当强，也较抗灰霉病，但对黄萎病的抗性较弱。

6. 栃木少女（见图 1-21）

栃木少女是 1999 年引入我国的日本早熟型品种。果实大，一级序果平均单果重 38 g，最大果重 80 g。果实圆锥形。果面鲜红色，光泽强，平整。果肉淡红色，髓心小，稍空，红色。肉质细，味甜浓微酸，汁液较多。可溶性固形物含量为 10% ~ 12%，品质优，耐储运性较强。果实较硬。抗病性中等，抗白粉病能力优于丰香。植株生长势较强，株态较直立。叶片中等大小，中间小叶圆形。匍匐茎抽生能力中等，可连续抽生花序。休眠性较浅，适合设施促早栽培，在我国南北都有扩大栽培的趋势。

图 1-21　草莓品种——栃木少女

7. 久香

久香是上海市农业科学院林果研究所通过久能早生和丰香杂交育成的早熟新品种。久香果形大，一、二级果平均单果重 20 ~ 22 g。第一花序平均花数 15 朵左右，坐果性能优，产量高且稳定。果实圆锥形，整齐均匀。果表鲜红，富光泽，外观优于丰香。可溶性固形物含量为 10.7% ~ 12%，肉质细腻，甜多酸少，有香味，鲜食品质优良。生长势较强，株态直立，叶片均匀分散，整体采光优于丰香，畸形果率少，商品果率达 93% 以上。经田间白粉病抗性调查，抗性优于丰香。休眠性浅，适合设施促早和半促成栽培。

8. 红颊

红颊是日本静冈县农业试验场育成的新品种，上海、浙江、山东等地正在扩大栽培，有替代丰香之势。一级序果特大，最大果重 100 g 左右。果实长圆锥形，果面鲜红色，有光泽。肉色红，果形美观。硬度较好，耐储运。可溶性固形物含量为 12%～13%，口味香甜。抗白粉病能力强。丰产性优，特别是在冬季低温条件下早期连续结果性好，明显优于丰香。

红颊的生长势强，株态直立。叶片大、色深。植株分茎数较少，单株花序 3～5 个，花茎粗壮坚硬直立，花量较少，顶花序 8～10 朵，侧花序 5～7 朵，花朵发育健全，授粉和结果性好，耐低温，不抗高温。休眠浅，匍匐茎抽生能力强，适合促成与半促成栽培。易发生炭疽病和叶斑病，夏季育苗困难。

9. 章姬

章姬是日本静冈县农民育种家获原章弘先生通过久能早生与女峰杂交育成的早熟品种，是日本主栽品种之一。果实长圆锥形，个大，畸形果少，可溶性固形物含量为 9%～14%，味浓甜、芳香，果色艳丽美观，柔软多汁，一级序果平均重 40 g。植株生长势强，株形开张，繁殖力中等，中抗炭疽病和白粉病，丰产性好。休眠浅，适合设施促早栽培和近距运销温室栽培。

10. 卡麦若莎

卡麦若莎别名卡姆罗莎、童子一号、美香莎，是美国品种。果实较大，一、二级序果平均单果重 45 g，最大果重 100 g。果实大小较整齐，长圆锥形或楔形，果面平整光滑，有明显的蜡质光泽。果肉红色，酸甜适宜，香味浓。可溶性固形物含量为 10%～11%，可溶性总糖含量约 9.47%。果实硬度大，耐储运。在保护地栽培条件下，连续结果期可达 6 个月以上。

卡麦若莎的植株生长势和匍匐茎发生能力强，株态直立，半开张。叶大，近圆形。匍匐茎繁殖系数高。两性花，每花序着花 8～13 朵。休眠性中等，适合露地栽培与促成栽培。适应性强，抗灰霉病和白粉病。目前，卡麦若莎在我国北方地区栽培面积大。除鲜食外，该品种还适合冷冻加工、制罐、冻干等。

11. 甜查理

甜查理是美国品种，1999 年引入我国。果实较大，第一级序果平均单果重 41 g，最大果重 105 g。果实圆锥形，大小整齐，畸形果少。果面鲜红色，颜色均匀，富光

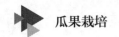

泽。果肉红色，可溶性固形物含量为 11.9%，酸甜适口，品质优。果较硬，较耐运输。成熟后自然存放 7～10 天仍然保持原色、原味。单株结果平均达 500 g 以上。

甜查理的植株生长势强，株形较紧凑。叶片大，近圆形，绿色。匍匐茎较多。适合促成、半促成栽培，在我国北方产区有扩大栽培的趋势。该品种除鲜食外，也适合冷冻加工、制罐、冻干等。

三、子苗的繁殖

1. 苗床的准备及母株的选留

优质苗是草莓成功栽培的基础，建立专用繁苗圃是草莓栽培发展的方向。苗床宜选用排灌水方便、土壤肥沃疏松、保水保肥力强的沙质壤土地块。前茬是蔬菜、棉花或稻麦的田块均可作为草莓繁苗专用地，其中以蔬菜地为最优，这样的地块有利于培育根系发达、短缩茎粗壮的优质苗。母株定植前苗圃每亩撒施腐熟基肥 2 000 kg 或人粪尿 1 000～1 500 kg。若用复合肥等其他肥料，沟施时，氮、磷、钾三要素含量可掌握在 5～10 kg/1 000 m²；若全面撒施，掌握在 20 kg/1 000 m²，具体施用量还需根据前茬的肥力消耗进行增减。施肥后深翻做畦，畦的宽度依栽植方式而定。若单行定植，畦宽 2 m；若双行种植，畦宽 3 m。畦面要求尽量平整，否则早期灌水时植株受水难均匀，而高温多雨季节低洼处易积水造成死苗。

繁苗母株宜使用专用植株，专用母株选自于健康无病的一年生匍匐茎苗。当年假植苗或无假植苗于 10—11 月即可移植至繁苗圃，繁殖来年的生产用苗。若秋季无闲置地，可将选留的专用苗暂时集中假植，待来年春天再分开种植。繁殖专用苗不宜使用生产苗定植后所剩余的弱小苗，这些苗的繁苗力及所产生的匍匐茎苗质量不如养分积累充分的粗壮苗。如果使用采收后的生产园直接繁苗，也需选留健壮无病的植株，每平方米留母株 1～2 棵，剥除枯老叶及残留花茎，将多余植株尽早拔除。在选留的母株周围需补施肥料，每亩施人粪尿 1 000～1 500 kg 或氮磷钾复合肥 10～15 kg，施后中耕，并将原有畦沟清理一次。

2. 母株的定植

母株定植可分为秋植与春植。秋植即 10 月选定的专用母株直接种植于育苗圃，因此时温度较高，新根还能良好生长与发育，地上部合成的部分养分用于积累，增加越冬前根茎中的储藏养分，为第二年匍匐茎的增殖打下良好的基础。母株也可在春天移植，一般在气温 12～18 ℃的时期为宜，大致在 3 月中下旬至 4 月。母株繁殖子苗的数量随其定植时期的推迟而减少。

草莓繁苗匍匐茎的分布如图 1-22 所示。母株定植的株距一般为 60~80 cm。2 m 畦单行定植时,苗种植于畦的中央;3 m 畦双行种植时,植株离开畦边 25~30 cm。

图 1-22 草莓繁苗匍匐茎的分布

定植时,为防止伤根,应带土移栽,种植前摘除枯叶、老黄叶和花茎。种植时避免太深,切忌将心叶埋没,以防烂芽;但也不能太浅,否则根茎部裸露会影响发根。

3. 母株定植后的管理

(1)水肥管理

1)水分管理。水分管理是我国南方及中部地区草莓育苗成败的关键。母株定植后即需充分灌水,缩短缓苗期。匍匐茎抽发期,土壤干燥时要及时灌水,保持土壤湿润。土壤过分干旱时,新苗根系无法扎入。我国南方地区,夏季高温干旱的时期长,育苗的难度很大,灌水调湿、灌水降温则显得更为重要,否则不仅新茎难以抽生,已形成的匍匐茎苗也会干旱致死。有条件的地区可以采用喷灌、遮光等措施来降温保湿。生长期中的多雨季节,应及时排除积水,严防出现浸水时期过长而引起烂苗死苗的现象。

2)用肥管理。由于苗床准备时已施入有机肥或复合肥,因此在整个匍匐茎苗抽发期不宜大量追施肥料。追肥应遵循勤施薄施的原则,每 15~20 天浇一次稀薄人粪尿或尿素。适当增施磷、钾肥有利于叶片的生长与匍匐茎的抽生,可结合防病治虫根外喷施 0.2% 的尿素及 0.2% 的磷酸二氢钾。

(2)喷赤霉素。匍匐茎的抽发量与植株体内赤霉素的含量有关,喷施赤霉素可促进匍匐茎的发生。一般在定植后喷洒 2 次,质量浓度为 50~100 mg/L,2 次间隔 7~10 天。喷施赤霉素的效果随母株定植期的推迟而减弱,喷 2 次比喷 1 次效果好。

(3)摘除花蕾。随着温度升高,母株会连续抽出花序,并开花结果,无效浪费体

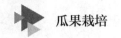

内养分。为积累养分，应及时摘除花蕾，促进母株的营养生长及匍匐茎的发生。操作时，要注意防止碰伤基部腋芽，以保证匍匐茎的发生量。

（4）匍匐茎的整理。由于匍匐茎沿叶腋抽生，而叶片在短缩茎上呈螺旋状排列，因此匍匐茎的抽生没有统一方向。当母株及早期形成的子苗同时大量抽发匍匐茎时，自然条件下的匍匐茎纵横交错、相互重叠，部分新苗根系无法接触到土壤而成为"浮苗"，即使根系能扎入土壤，子苗间过分拥挤也会降低苗质。因此，匍匐茎的整理成为提高苗质的关键性措施之一。整理工作自匍匐茎开始抽生时就应进行，对于母株单行种植于畦中央者来说，匍匐茎应向母株两边的空地均匀摆布；对于宽畦双行种植者来说，匍匐茎应拉向畦中，当匍匐茎向畦沟伸展时，要调整其生长方向。整个匍匐茎生长期都需经常检查，随时匀密补稀，使新苗具有合适的生长空间。为使子苗及时扎根，在子苗具 2 片展开叶时进行压蔓，用泥将子苗匍匐茎节压稳。进入秋季后，天气转凉，匍匐茎的发生会再一次出现高峰。

（5）杂草的防除。草莓育苗时期长达 5~6 个月，在整个生育期中，杂草都会滋生，而且适合匍匐茎抽发及子苗发育的环境条件也适合大部分杂草的生长。稍有疏忽，母株及新生匍匐茎苗都有可能湮没在杂草之中，苗的数量与质量均由此受到不利影响，防除杂草已成为育苗过程中最烦琐的作业。可采用畦中间作中耕作物或及时中耕除草的方法来控制早期的草害。但在匍匐茎布满大部分空地且根系扎实之后，不便用锄除草，此时适合用人工刀铲挑除杂草。需要注意的是，匍匐茎新苗扎根后，切忌随意翻动，否则已抽发的苗及随后发生苗的质量均会受到严重的不利影响。近年来，科学工作者针对草莓育苗地的草害进行了大量化学防除的研究工作，并取得积极成果。除草剂氟乐灵可有效防治草莓育苗地多种杂草为害，每亩用药量 0.1~0.2 kg，兑水后喷洒在地面上。喷洒后及时中耕松土，使药土混合，减少药剂有效成分的损失，增强除草效果。目前已知适合草莓地施用的除草剂还有稳杀得、盖草能、骠马、除草醚等。使用除草剂时，要注意剂量，在正常用药浓度范围内，对草莓不会产生药害，而且早期使用效果更好，当杂草大量滋生后，效果变差。

四、假植育苗的意义与方法

1. 假植育苗的意义

假植育苗就是将子苗从母株上切下，然后移植到事先准备好的苗床上进行培育。由于该操作是临时的短时期种植，而非生产性定植，因此被称为假植。尽管假植操作耗时费力，但由于其具有无假植所不具备的优点，因此该技术在日本早已得到普及并持续应用，在我国草莓栽培发达地区也正在迅速推广。与无假植相比较，假植的优点如下。

（1）改善通风透光条件，使植株的光合作用能力增强，光合效率提高，根茎储藏养分增加。

（2）改善根系生长环境，促进初生根与细根的发生，使植株吸收土壤养分与水分的能力增强。

（3）均衡幼苗的土壤与空间环境，提高植株的整齐度。

（4）便于管理，有利于草莓花芽分化多种促控措施的实施，实行有计划的定向培育。

2. 假植苗床的准备

假植苗床宜选择排灌水方便、土质肥沃疏松的沙壤土。在移苗前半个月，每1 000 m² 施腐熟猪粪3 000～6 000 kg，另加氮磷钾复合肥15～22 kg，深翻做畦。畦的宽度以操作方便为宜，一般为1.2～1.5 m。假植的行株距为18 cm×12 cm。

3. 采苗和假植时期

将子苗从母株上分离时，通常于母株一侧留2 cm左右的匍匐茎残桩，主要便于以后生产栽培时定向种植。定植时，如果将带有匍匐茎残桩的一侧朝向畦内，则以后第一花序的抽生方向会朝向畦的外侧；反之，花序将朝向畦的内侧抽出。

假植时期会因栽培类型的不同而有所不同。一般而言，促成栽培用苗假植时期早，半促成栽培及露地栽培的采苗、假植时期迟。假植育苗期一般为45天左右。如果育苗期过长，苗会老化，给产量与质量带来不利影响。促成栽培的用苗可在8月上旬以前采苗、假植，9月中下旬定植，太迟假植不利于移植苗的成活与生长。半促成栽培及露地栽培用苗在8月下旬以前采苗、假植，10月中旬以前定植为宜。

4. 假植的方法

假植时苗的大小与以后的生育关系密切：苗龄过大往往定植后花数多，但单果平均变小，生育期推迟；苗龄适中，果数、果实大小也适中；低于2片展开叶以下的小苗生长速度快，但花芽分化期推迟。因此，假植一般选取初生根多、具有2～4片展开叶的健康子苗。挖苗时要尽量少伤根系，最好带土移植，以缩短缓苗时间。如不带土，应做到随挖随种。当不能及时假植时，可用湿报纸包住挖起的苗的根部，并置于阴凉处。如遇高温天气，可将幼苗根系浸于水中，以防根系干燥。大小苗应分别种植。切忌种植太深而将苗心埋没，也不能太浅，一般以将根茎埋入土中为宜。为提高假植苗

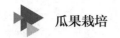

的存活率，移植后即可搭立以遮阳网、草帘或芦帘覆盖的遮阴棚，或直接种植在遮阴棚内。如果没有大棚，也可以用小环棚遮阴，但要注意通风。

5. 假植后的管理

假植后立即浇水，白天遮阴降温 5～7 天，每天早晨或傍晚各浇水一次。成活后及时掀除遮阴物，因为长期避光会影响生育。由于假植期温度适宜，生长速度很快，应及早摘除下位黄叶、病叶，经常保持 4～5 片展开叶。摘叶会促使根系与根茎增多增粗，发生的腋芽要立即全部剥除。

由于假植苗床在移苗前已施入基肥，一般假植后不宜大量追施肥料。待假植苗存活后，结合浇水施 2～3 次追肥，每次每 1 000 m² 撒施氮磷钾复合肥或尿素 12～15 kg，以促进根叶迅速生长。追肥不可多施，以防高温时期引起烧根死苗，施肥后要及时浇水，以便植株正常吸收。露地栽培用苗要求花芽分化不要太早，太早容易在冬季过早出现"不时出蕾"的现象而减产。此外，假植苗圃更易受到黄萎病、叶斑病、轮斑病及炭疽病的为害，要及时防治。同时，要根据天气情况经常保持假植育苗地土壤湿润，及时除草，防治草害。

五、花芽分化

花芽的分化与形成是草莓开花着果的前提条件。花芽分化的时期、数量与质量决定了果实采收上市期的早晚、果实的产量与质量。生产中常根据花芽分化的早晚确定定植时期。

1. 花芽的着生状态

实际上花芽与叶芽起源于相同的分生组织，只是内外环境的改变使分生组织向不同的方向转变，当花芽出现与叶芽不同的内部结构时，称为花芽分化。在显微镜下小心剥除短缩茎上顶端的叶片及叶原基，即可观察到生长点。生长点一般长 0.2 mm，基部平坦，先端呈圆锥形突起。生长点开始变圆、肥厚隆起，是其进入花芽分化初期的标志，此时叶芽分化暂时停止，同时各叶腋内的腋芽开始发育。生长点一旦进入花芽形态分化期，再不可逆转为叶芽状态。顶芽分化为顶花序，或称第一花序，腋芽依次分化为第二、第三花序。并不是所有的腋芽都能分化为花序，腋芽形成花序的数量因品种、栽培方式及植株的营养条件而异。

同一花序上的花，其着生状态比较规则。第一级花（即顶花）的两腋芽分化出第二级花，第二级花的两腋芽分化出第三级花，依此类推。最后能分化至第几级花，取决于品种特性、栽培方式及植株的营养生长状况，一般可分化至第四或第五级花。每一花芽均被包叶包裹，第一级花有 2 片包叶，在包叶的内侧分化出 2 朵第二级花，第二级花也各有 2 片包叶，其内侧分化出第三级花，依此类推。

2. 花芽分化的过程

花芽分化开始期以前，生长点呈平坦状态。进入分化期后，生长点开始肥厚、隆起，呈圆顶状；随后侧花芽（第二级花）也开始初生突起，此时进入花序分化期。花器官的发育自外向内进行，即依次形成萼片、花瓣、雄蕊、雌蕊。按照日本学者江口庸雄的方法，可将花芽分化发育阶段划分为未分化期，分化初期，分化中期，分化后期，花序形成初期，花序形成中期，花序形成后期，萼片形成初期，花瓣与雄蕊、雌蕊突起初期，花药、雌蕊形成期 10 个时期。雌蕊着生在花托上，随着花托膨大至圆顶状，雌蕊也迅速发育形成，离生雌蕊由花托基部自上而下形成。雌蕊最初为很小的突起，不久即发育成花柱和子房。侧花芽的发育顺序与主花芽相同。

3. 花芽分化的时期

花芽分化时期因品种、当地当时的气候环境、植株的营养状况及育苗方法的不同而异。在自然条件下，草莓的花芽分化时期一般在 9 月底至 10 月初。高纬度地区分化期趋早，低纬度地区则相对推迟；同纬度地区海拔高度越高，花芽分化期越早。试验证明，在热带的高山地区，即使在盛夏，日照长度为 12 h 左右，由于气温低，草莓仍能进行花芽分化，一季性品种在这样的地区会像四季性品种一样，常年开花结果。采用钵育苗、遮光、断根、高山育苗及人为低温短日处理方法，花芽分化期可提早 7 ~ 15 天。

4. 花芽分化的促进方法

目前，设施栽培所用的丰香、女峰、明宝等早熟性品种在自然条件下花芽分化时期大致在 9 月下旬至 10 月上旬。如果育苗期不进行任何花芽分化的促进处理，9 月下旬定植，10 月下旬开始保温，其初花期在 11 月中旬，12 月下旬可开始采收上市。但市场的实际需要则希望果实的成熟期能够稍微前移些，消费者期望 12 月上旬甚至 11 月即可买到草莓，早采收早上市能够明显提高促成栽培的经济效益。如果利用极早熟品种，采用常规促成栽培法即可达到以上目标，那么各种花芽分化的促进方法都没有必要，但遗憾的是，迄今为止，产量、品质均优秀的极早熟品种尚未育成。随着对影响草莓花芽分化的主要因素的研究及进一步了解，各种花芽分化的促控措施也被开发与利用。借助这些技术，可使草莓的花芽分化期提前至 9 月上旬，收获期提早至 11 月

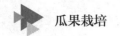

中旬。

由于日本促成栽培草莓的比例大（占总面积的90%以上），对与促成栽培相适应的各种育苗方法的开发与利用也较早，促进花芽分化已成为其促成栽培中一项重要的作业。而露地栽培是我国目前草莓栽培的主体，无假植常规育苗仍是最常见的方法，采用促成栽培法的大部分地区也主要采用无假植育苗法。近年来，在部分促成栽培起步早且技术较成熟的产区，各种有利于促进花芽分化的育苗法也在迅速推广中。

花芽分化促进技术是利用日照长度、温度及氮素营养等成花影响因素的单独或相互作用进行调控的技术，主要有以下几种措施。

（1）断根处理。断根处理是将根系切断，抑制氮素吸收以促进花芽分化的方法。断根后植株对水分的吸收会减少，甚至停止，体细胞液浓度提高，同样有利于花芽分化。通常于9月5—10日用移植铲或小铁锹将假植在平畦上的幼苗连同直径为8 cm的土团挖起，在原地变换土团方向；或将苗移植到另一不施肥料的圃地，效果也很好。据日本报道，断根、移植的次数越多，花芽分化的促进效果越显著。但断根、移植抑制了植株的营养生长，次数过多时，植株生育不良，出叶数减少，即使花芽分化与果实成熟期提早，但总产量会降低。在植株已进入花芽分化期后进行断根、移植，不仅植株的营养生长会受到不利影响，而且花芽分化的数量也会减少。通常断根处理以1～2次为宜。断根处理后2～3天内植株出现轻度萎蔫则效果更好，这也是断根后管理的关键。断根处理时，温度尚高，日照仍较强烈，如果植株外围叶出现少量干枯，对以后的生产不会有太大的影响。

断根处理后应避免经常性的大量浇水，否则会促进吸收根的大量发生，使植株生长过旺，达不到预期效果。如果出现这种情况或断根恰逢降大雨，则需进行再次断根。

（2）营养钵育苗。与平地育苗相比，钵育苗的优点在于氮素营养容易调控，通过抑制氮素营养的吸收，可使花芽分化提早进行。一般于6月下旬至7月上旬采苗，种植于内径为10.5 cm或12 cm、高8～10 cm的聚乙烯小钵中，或直接将母株床上发生的匍匐茎新苗引植于营养钵内，待幼苗生根后再切离匍匐茎。营养土最好是通透性良好、肥力中等、保水力较强的沙质壤土。苗存活后，每7天施一次含氮液肥，或者施用缓效性的固态肥料，以促进植株生长。8月上中旬以后中止追施氮素肥料，可少量施用不含氮素的其他肥料，目的在于降低植株体内氮素的浓度。育苗期间，注意及时剥除老叶、黄叶与病叶，使植株经常保持4片展开叶。钵土干燥时注意随时浇水，过于干燥会使地上部与地下部的生长与发育受阻。为了防止根系从钵底孔扎入土中吸收肥料，可于定植前移动盆钵2次，定植时连同钵土一起放入穴内。为减少病害及方便管理，可将盆钵排列于事先准备好的避雨大棚内。

（3）遮光。由于遮光降低了植株生长环境的温度（土温与气温），并使植株的受光强度减弱，从而促进了花芽分化。用遮光率为 50%～60% 的材料如黑色或灰色寒冷纱、芦苇帘等覆盖在高 1～1.5m 的棚架上，覆盖后要十分注意下部通风，否则会对花芽分化造成不利影响。覆盖时期一般为 8 月下旬至 9 月中旬，共 20～25 天。覆盖时期不能过长，过长会使植株发育不良，同化功能降低，影响花器发育。遮光一般可使花芽分化期提早 10～15 天。品种不同，对遮光处理的反应也存在差异，一般早熟性品种反应更灵敏。如果将遮光与断根相结合，效果更理想。

（4）高寒冷地育苗。高寒冷地育苗也称高山育苗，即将苗移植于高山上以促进花芽分化。一般海拔高度每增加 100 m，温度降低 0.6 ℃，所以在海拔 800 m 高处育苗，温度可比平地降低 5 ℃左右，海拔越高降温越明显。具体操作方法是：7 月上中旬平地采苗假植，8 月中旬前后上山，栽植于不施基肥的山地内，9 月上中旬下山定植，山上假植的时间为 25～30 天。高山育苗的花芽分化期一般比平地提早 10～13 天。育苗期间，如辅以短日处理、寒冷纱遮光等措施，花芽分化期会进一步前移。何时将苗运下山定植，要视花芽分化的具体状况而定，一般选在生长点肥厚期。育苗地以交通方便、取水容易、海拔 1 000 m 以上的地方为宜。如果选在能遮挡西晒太阳的山坳，既能降温又能遮光，效果更好。高山育苗也可于 7 月上旬采苗上山，8 月中旬前进行以氮为主的肥培，8 月中旬后断氮，9 月中旬下山定植。

病虫害安全科学防治方法

一、农业防治与化学防治

西瓜、甜瓜和草莓等瓜果的病虫害防治应贯彻"预防为主，综合防治"的原则，针对不同病害发病条件、虫害生活习惯，把病虫害控制在允许范围内，以确保西瓜、甜瓜和草莓等瓜果的优质、安全和高产。

1. 农业防治

（1）严格执行轮作制度，做到用地与养地相结合，合理布局茬口，提倡水旱轮作，控制轮作年限，减少病原菌，改善土壤环境。一般旱地轮作周期为 5~6 年，水旱轮作周期为 3~4 年。

（2）选用优质、特色、高产、抗病的杂交一代品种。

（3）加强管理。积极采用各种有效手段，培育壮苗，合理密植，科学施肥（有机肥要充分腐熟，氮、磷、钾肥要合理搭配），以提高植株抗病能力。

（4）改善栽培方式。积极采用嫁接栽培和有机型基质栽培等栽培方式。

（5）加强病虫测报。调查病虫发生情况，选择有利时机进行防治。

2. 化学防治

使用农药防治西瓜、甜瓜和草莓等瓜果的病虫害时，必须严格遵守国家制定的《农药合理使用准则》。农药必须具备国家颁发的"三证"（农药登记证、生产许可证或生产批准证、农药标准），应优先选用生物农药及高效、低毒、低残留农药，做到安全、科学用药，充分发挥药效，减少农药副作用。

（1）对症下药。西瓜、甜瓜和草莓等瓜果的病虫害种类很多，但不同的病虫害有各自不同的为害习性，应根据其特点选用适宜的农药。例如，防治细菌性或真菌性病害、刺吸式口器或咀嚼式口器的害虫，需要不同性质的农药。如不加选择地使用同一种农药来防治不同的病、虫，就有可能既浪费农药，又增加瓜果上农药的残留量，延误防治适期，造成产量损失，因此一定要认清病虫害种类，对症下药。

（2）禁止使用剧毒、高毒、高残留农药。农药的种类很多，根据农药使用的对象，分为杀虫剂、杀菌剂、杀螨剂、除草剂、植物生长调节剂等。农药对人畜一般都有毒，农药中毒一般表现为急性中毒和慢性中毒，按农药的急性毒性大小可以分为剧毒、高毒、中毒和低毒四类。

按照目前我国的农药毒性分级标准，经口半数致死量在 50 mg/kg 以下的均属剧毒、高毒农药，如三九一一、甲基一六〇五、一〇五九、久效磷、甲胺磷、磷胺、呋喃丹、氧化乐果、磷化铝、氟乙酰胺、有机汞制剂、砒（砷）剂等，这些农药是绝对不允许在瓜果、蔬菜上使用的。其中需要特别指出的是氧化乐果，它是乐果的氧化物，虽与乐果只相差两个字，杀虫效果又比乐果好，但氧化乐果的致死中含量恰好是 50 mg/kg，即为高毒农药，用在瓜果上是违反国家规定的。

高残留农药是指化学性质稳定、脂溶性很高、在自然界不易分解为无毒物质、又可在人畜及其他动物体内积累的农药。如六六六、滴滴涕等有机氯杀虫剂和含汞杀菌剂，它们在土壤中很难降解，人们食用施用过六六六、滴滴涕的农产品后，这两种药可以在体内长期积累，造成慢性中毒。为此，1993 年国家已停止生产这两种农药，而上海、北京等大城市也早在 1974 年规定，禁止在蔬菜生产中使用六六六和滴滴涕。

（3）选用高效、低毒、低残留农药。瓜果上使用的农药必须是对人安全的低毒农药，如《上海市安全卫生优质瓜果标准化生产基地验收标准》提倡推广使用的农药品种有苏云金杆菌、印楝素、烟碱、苦参碱、阿维菌素、除尽、锐劲特、仙生、达科宁、克露、福星、普力克、大生、土菌消（绿亨一号）、腐霉利、世高、菌毒清、菌克毒克（宁南霉素）、可杀得、农抗 120、波尔多液、石硫合剂、草甘膦、敌草胺、高效盖草能、精禾草克等多种高效低毒安全农药；允许推广使用的高产低毒农药品种有农地乐、敌百虫、杀虫双、速凯、尼索朗、吡虫啉、灭幼脲、功夫、百菌清、扑海因、代森锰锌、粉锈宁、甲基托布津、立克秀、克芜踪等。

（4）科学规范使用农药

1）防治方法合理。使用农药前，首先应检查田块中病虫害发病中心，并对发病中心进行药剂封锁，而后全棚防治，既可收到较好的防治效果，也可避免盲目定期打药

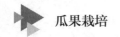

而费工费药。

2）讲究喷药技术。农药起作用的途径包括将农药均匀地喷洒在植株及害虫表面，使害虫与之接触而死；害虫通过取食植物将农药带入其体内而中毒；农药在植株表面形成保护膜，阻止病菌侵入植物组织；植株将农药吸到体内，上下传导给整个植株，抑制病菌在植株组织内生长蔓延。所以，要使农药充分发挥效果，必须根据以上害虫中毒的原理，讲究施药技术，做到以少量的农药，收到较高的防治效果。

3）正确掌握用药量。各种农药对防治对象的用量都是经过试验后确定的，因此在生产中使用农药时不可以任意增减用药量。增加用药量，不仅造成农药浪费，而且容易对植株产生药害，增加瓜果的农药残留量，污染环境，影响消费者的身体健康。减少用药量，则不能收到预期的防治效果，达不到防治目的，从而造成损失。一般说明书都规定了该种农药的使用倍数、单位用药液量或单位有效剂量，应按规定要求的用量用药。

4）交替轮换用药。生产中若长期单一使用一两种农药，尤其是防治对象单一、作用点少的内吸杀菌剂，则很容易产生抗药性。以 50% 托布津农药为例，它是一种从日本进口、防治瓜类白粉病很有效的农药，开始应用时使用倍数为 1 000 倍，而现在已提高到 500 倍；再如，由于小菜蛾、菜青虫对敌百虫、敌敌畏等有机磷农药产生耐药性，20 世纪 80 年代初使用 2.5% 溴氰菊酯等菊酯类农药防治，最早使用倍数为 8 000 ~ 10 000 倍，而现在已提高到 2 000 ~ 4 000 倍，这说明害虫对菊酯类农药也已产生了耐药性。因此，生产中可将多种农药轮流使用或合理混用、复配，这样不仅可减弱害虫的耐药性，而且还可以兼治其他病害或虫害，扩大杀菌或杀虫谱，既省工又省药。但在复配、混用农药时应注意，目前市场上农药厂推出的一些农药，本身就已是复配剂，故只注意轮换交替用药即可，不要盲目地将多种农药混用、复配，因为农药不是混用的种类越多越好。

5）选用生物农药。选用生物农药或用生物农药与化学农药复配，可减少化学农药的用量，提高产品的安全性。目前应用的生物农药有抗霉菌素（农抗 120）、武夷菌素、多氧霉素、爱比菌素、新植霉素、浏阳霉素、增产菌等。在病虫害防治工作中，应积极选用这些生物农药来防治病虫害。

（5）执行农药安全间隔期。农药安全间隔期是指收获和最后一次施药之间的时间，是根据农药在植物上消失、残留、代谢动态和最大残留允许标准制定的，其长短因农药性质、植物种类而异，有的 2 ~ 3 天，有的 7 天甚至更长。农药喷施后，通过生物体内新陈代谢活动，或受雨水淋洗、日光照射、气温等环境条件的影响，逐渐分解消失，或降低到对人体无危害的量。因此，生产中一定要严格遵守农药安全间隔期，今天打药、明天就采收上市的做法是绝不允许的。

二、农药的配制与安全使用

1. 农药的配制

配制农药一般要经过计算农药和配料取用量、量取、混合等步骤。正确配制农药是安全、合理使用农药的一个重要环节。

（1）准确计算农药和配料的取用量。农药制剂取用量要根据其制剂有效成分的百分含量、单位面积的有效成分用量和施药面积来计算。农药的标签和说明书一般均标明了制剂的有效成分含量、单位面积上有效成分用量，有的还标明了制剂用量或稀释倍数。所以，要准确计算农药制剂和配料取用量，首先要仔细、认真阅读农药标签和说明书。

如果标签或说明书上已注有单位面积上的农药制剂用量，可以用以下计算公式计算农药制剂用量：

农药制剂用量［mL（g）］= 单位面积农药制剂用量［mL（g）/亩］× 施药面积（亩）

如果农药标签上只有单位面积上的有效成分用量，其制剂用量可以用以下计算公式计算：

农药制剂用量［mL（g）］=｛单位面积有效成分用量［mL（g）/亩］/
制剂中有效成分百分含量（%）｝× 施药面积（亩）

如果已知农药制剂要稀释的倍数，可通过以下计算公式计算农药制剂用量：

农药制剂用量（mL）= 要配制的药液量或喷雾器容量（mL）/ 稀释倍数

配制农药通常用水来稀释，兑水量要根据农药剂型、有效成分含量、施药器械和植株大小而定，除非十分有经验，一般应按照农药标签上的要求或请教农业技术人员，切不要自作主张，以免兑水过多，浓度过低，达不到防治效果；或者兑水太少，浓度过高，对植物产生药害，尤其用量少、活性高的除草剂应特别注意。配制药液量、农药制剂用量和稀释倍数对照表见表 1–2。

表 1–2　　　　　　　　　配制药液量、农药制剂用量和稀释倍数对照表

配制药液量	5 kg		10 kg		15 kg	
	制剂用量					
稀释倍数	乳剂（mL）	可湿性粉剂（g）	乳剂（mL）	可湿性粉剂（g）	乳剂（mL）	可湿性粉剂（g）
50	100	100	200	200	300	300
100	50	50	100	100	150	150

配制药液量	5 kg		10 kg		15 kg	
	制剂用量					
稀释倍数	乳剂（mL）	可湿性粉剂（g）	乳剂（mL）	可湿性粉剂（g）	乳剂（mL）	可湿性粉剂（g）
200	25	25	50	50	75	75
300	16.7	16.7	33.3	33.3	50	50
400	12.5	12.5	25	25	37.5	37.5
500	10	10	20	20	30	30
600	8.3	8.3	16.7	16.7	25	25
700	7.1	7.1	14.3	14.3	21.4	21.4
800	6.3	6.3	12.5	12.5	18.8	18.8
900	5.6	5.6	11.1	11.1	16.7	16.7
1 000	5	5	10	10	15	15
1 200	4.2	4.2	8.3	8.3	12.5	12.5
1 500	3.3	3.3	6.7	6.7	10	10
1 800	2.8	2.8	5.6	5.6	8.3	8.3
2 000	2.5	2.5	5	5	7.5	7.5
2 500	2	2	4	4	6	6
3 000	1.7	1.7	3.3	3.3	5	5
5 000	1	1	2	2	3	3
10 000	0.5	0.5	1	1	1.5	1.5

（2）安全、准确地配制农药。计算出制剂取用量和配料用量后，要严格按照计算的用量量取或称取。液体药要用有刻度的量具量取，固体药要用秤称量。量取好药和配料后，要在专用的容器里混匀。混匀时，要用工具搅拌，不得用手。由于配制农药时接触的是农药制剂，有些制剂有效成分相当高，引起中毒的危险性大，所以在配制时要特别注意安全。为了准确、安全地配制农药，应注意以下几点。

1）不能用瓶盖倒药或用饮水桶配药，不能用盛药水的桶在河里直接取水，不能用手或胳臂伸入药液或粉剂中搅拌。

2）在开启农药包装、称量配制时，操作人员应使用必要的防护器具。

3）配制人员必须经专业培训，掌握必要的技术，熟悉所用农药性能。

4）孕妇、哺乳期妇女不能参与配药。

5）农药称量、配制应根据药品性质和用量进行，防止溅洒、散落。

6）配制农药应在离住宅区、牲畜栏和水源比较远的场所进行，药剂随配随用，已配好的应尽可能地采取密封措施，开装后余下的农药应封闭在原包装内，不得转移到其他包装中（如喝水用的瓶子或盛食品的包装）。

7）配药器械一般要求专用，每次用后要洗净，不得在河流、小溪、井边冲洗。

8）少数剩余和不要的农药应埋（倒）入闲置地中。

9）处理粉剂和可湿性粉剂时要小心，防止粉尘飞扬。如果要倒完整袋可湿性粉剂，应将口袋开口处尽量接近水面，站在上风处。

10）喷雾器不要装得太满，以免药液泄漏。当天配好的，当天用完。

2. 安全防护

由于农药对于人畜来说是有毒物品，所以在接触农药过程中，必须使用必要的防护用品，防止农药进入人体内，避免农药中毒。

农药安全防护应针对农药中毒途径采取措施，防止农药通过可能接触的渠道进入人体，造成中毒事故。农药进入人体有三种途径，即经皮（皮肤吸收）、吸入（呼吸道吸收）和经口（消化道吸收）。下面分别叙述这三种途径的中毒原因及防护措施。

（1）经皮毒性的防护。皮肤接触农药是最常见的农药中毒原因，如不穿戴防护服或裸露上身施药，穿戴破损或被农药污染的工作服、手套、鞋袜等都容易使农药接触皮肤并通过皮肤进入人体，达到一定剂量即出现中毒现象。防止农药经皮中毒的根本原则是采取防护措施，尽量避免农药与皮肤接触。农药经皮毒性的安全防护要注意以下几点：

1）在农药的储运、配制、施药、清洗过程中，要穿戴必要的防护用具，尽量避免皮肤与农药接触。

2）田间施药前，要检查药械是否完好，以免施药过程中出现跑、冒、滴、漏现象。

3）施药时，人要站在上风处。

4）施药后，要及时更换工作服，及时清洗身体暴露部分的皮肤、更换下来的衣物以及施药器械等。同时注意清洗废水不能污染河流、池塘等水系。

5）如果药剂沾在皮肤上，应立即停止作业，用肥皂及大量清水（不要用热水）充分冲洗被沾染的部位。但对敌百虫药剂，冲洗时不要用肥皂，以免敌百虫遇碱性肥皂后转化为毒性更高的敌敌畏。由于敌百虫的水溶性大，只要用清水充分冲洗就可以了。

（2）吸入毒性的防护。农药吸入中毒主要是熏蒸、喷雾、喷粉时所产生的蒸气、雾滴或粉粒被呼吸道吸收引起的中毒现象。人体吸入农药后可造成鼻腔、气管、喉咙和肺组织损伤。防止吸入中毒的基本原则是减少或避免施药人员吸入农药，其防护措施也是围绕这一点进行的。

1）施药人员应尽量避免在农药烟、雾中呼吸，否则应按农药标签上的要求戴口罩或防毒面具。

2）顺风喷药，不要逆风喷药。

3）棚内喷药时，要保证良好的通风条件。

4）农药容器都应封闭好，如有渗漏，应及时处理。

5）如不慎吸入农药或虽未察觉但身体感到不舒服时，应立即停止工作并转移至空气新鲜、流通处，除掉可能受到污染的口罩及其他衣物，用肥皂和清水洗手、脸，用洁净水漱口。中毒症状严重者，应立即送医院并携带引起中毒的农药标签。

（3）经口毒性的防护。经口中毒是农药经过消化道（包括口腔、胃、肠等）吸收引起的中毒现象，经口毒性一般要比经皮毒性严重。引起经口中毒的情况很多，如接触农药后，未经洗手、脸就抽烟、吃饭、喝水；喷雾器喷头堵塞时用嘴吹；误用盛过农药的容器；食用刚施过农药的蔬菜、水果等食品。

经口毒性防护的原则是把好"毒从口入"关，杜绝农药通过口腔进入消化道系统。防护措施有以下几点。

1）施药人员操作农药时要严禁进食、喝水或抽烟。

2）施药后、吃东西前要洗手。

3）不要用嘴吹堵塞了的喷头。

4）对蔬菜等农产品的农药残留量实行监测制度，残留量超标不得上市。

5）施用农药或清洗药械时，不要污染水源或池塘。

6）要有专用设施储存农药并由专人保管。

7）废弃农药及容器要妥善处理，不得再作他用。

3. 安全合理施药

（1）施药前的准备工作和要求。农药在施用前应考虑以下几方面。

1）根据防治对象选用农药。

2）根据农药剂型和防治对象情况确定安全、有效的施药方法。

3）根据农药毒性及施药方法特点配备防护器具。

4）施药器械应完好，施药场所应备有足够的水、清洁剂、急救药品及必要的修理工具等。

（2）施药过程中应遵循的原则和要求

1）根据农药毒性级别、施药方法和地点穿戴相应的防护用品。

2）工作人员施药期间不准进食、饮水和抽烟。

3）施药时要注意天气情况，一般雨天、下雨前、大风天气、气温高时（30℃以上）不要喷药。雨天、下雨前喷的药剂容易被雨水冲刷流失，影响效果。大风天气，喷药容易飘移，造成植物药害和人畜中毒事故。气温高时，操作和防护不便，容易出现危险。

4）工作人员要始终在上风向位置施药。

5）施药人员如有头疼、头昏、恶心、呕吐等中毒症状，应立即离开现场，接受急救治疗。

6）不要用嘴去吹堵塞的喷头，应用牙签、草秆或水来疏通喷头。

（3）施药以后的基本要求。农药安全施用后，为保证人、畜的安全和避免环境污染，须注意以下几点。

1）剩余或不用的农药应分类贴上标签送回库房。

2）应从盛药器械中倒出剩余药，将器械洗净后存放；一时不能处理的应保存在农药库房中，待统一处理。

3）应做好施药记录，内容包括农药名称、防治对象、施药时间、地点、施药量、施药人员等。

4）施药人员的防护器具应及时清洗。

4. 合理复配混用农药

复配混用农药包括把两种或两种以上的农药制成混剂和用户使用前在现场现混现用等不同形式。前者往往由农药生产厂家，根据生产中一定的防治需求，通过科学的合成方法，生产农药复配剂。而对于后者，在这里必须指出，绝不能盲目复配混用，必须有一定的目的和根据，下面谈谈农药合理混用应遵循的原则和要求。

（1）两种混合用的农药不能起化学变化。农药在使用时要特别注意混合后有效成分、溶剂、乳化剂等的相互作用而产生的化学变化，因为这种变化可能导致有效成分分解失效。

（2）田间混用的农药物理性状应保持不变。在田间现混现用时，要注意不同成分的物理性状是否改变。如果两种农药混合后产生分层、絮结和沉淀现象，这样的农药不能混用。

（3）混用农药品种要具有不同的防治作用方式和不同的防治靶标。农药混用的目的之一就是兼治不同的防治对象，以起到扩大杀虫谱的作用，所以要求混用的农药具有不同的防治靶标。

（4）农药混用应使农民降低使用成本，包括农药成本、用工成本等。

一体化鉴定模拟试题

【试题一】苗床电加温线的布线（考核时间：25 min）

1. 操作条件

（1）30～50 m² 的田间（保护地设）操作场地。

（2）钉耙、铁锹等必要农具。

（3）布线用电加温线等实物。

2. 操作内容

（1）1 000 W 的电加温线布线。

（2）制作可放置约 2 000 个营养钵的苗床。

（3）自行计算苗床的宽度、长度和电加温线间距离。

（4）布线后覆盖细土。

3. 操作要求

（1）苗床要整平。电加温线在苗床内两侧宜布得稍密些，两线间距为 6～8 cm；中间稍稀些，两线间距为 8～10 cm。

（2）布线要达到用电安全要求。

（3）电加温线上覆盖的细土要均匀。

4. 评分项目及标准

序号	评价要素	考核要求	配分	等级	评分细则
1	苗床整理	苗床要整平、干净	5	A	苗床平整、干净
				B	苗床较平整、干净
				C	苗床平整度一般、干净
				D	苗床平整度一般、不干净
				E	苗床不平整、不干净
2	布线	电加温线在苗床内两侧宜布得稍密些，两线间距为 6～8 cm；中间稍稀些，两线间距为 8～10 cm，且布线要达到用电安全要求	5	A	布线全部正确，两线间距符合要求，且布线直、牢固
				B	布线基本正确
				C	两线间距符合要求，但布线不直或不牢固
				D	布线一般，且电加温线或接电线有打结现象
				E	布线不正确

续表

序号	评价要素	考核要求	配分	等级	评分细则
3	覆细土	电加温线上覆盖的细土要均匀	8	A	覆盖土厚薄均匀
				B	覆盖土厚薄小部分不均匀
				C	覆盖土厚薄大部分不均匀
				D	—
				E	覆盖土厚薄完全不均匀，且覆盖土过多或过少
4	文明操作与安全	操作规范、安全、文明，场地整洁	2	A	操作规范，场地整洁，操作工具摆放安全
				B	操作规范，场地较整洁，操作工具摆放安全
				C	操作规范，场地部分不整洁，操作工具摆放安全
				D	操作规范，场地部分不整洁，操作工具摆放不安全
				E	操作不文明，场地没清理
合计配分			20	合计得分	

等级	A（优）	B（良）	C（及格）	D（较差）	E（差或缺考）
比值	1.0	0.8	0.6	0.2	0

"评价要素"得分 = 配分 × 等级比值

【试题二】育苗营养土配制（考核时间：25 min）

1. 操作条件

（1）30~50 m² 的保护地设苗床操作场地。

（2）腐熟、干燥的有机肥。

（3）8 cm×8 cm 空营养钵 100 个，钉耙、铁锹等必要农具。

（4）已筛细的田园土。

2. 操作内容

（1）将田园土、有机肥用筛子筛细。

（2）按土：有机肥 =2：1 的比例拌匀配制。

（3）装钵。

（4）整齐排列在苗床中。

3. 操作要求

（1）营养土要拌匀。

（2）营养钵内的营养土装八成满。

（3）装钵后按苗床宽度放置30个营养钵。

4. 评分项目及标准

序号	评价要素	考核要求	配分	等级	评分细则
1	配制材料，筛细	田园土、有机肥用筛子筛细	5	A	完全符合要求，粗细一致，均匀
				B	—
				C	粗细一致，较均匀
				D	—
				E	完全错误
2	配制比例	按要求比例配制	5	A	完全正确
				B	—
				C	基本正确
				D	—
				E	完全错误
3	混合、装钵	营养土拌匀，装钵	8	A	营养土拌匀，装钵量正确
				B	营养土拌匀，装钵量基本正确
				C	营养土基本拌匀，装钵量基本正确
				D	营养土未拌匀，装钵量基本正确
				E	营养土未拌匀，装钵量不正确
4	文明操作与安全	操作规范、安全、文明，场地整洁	2	A	操作规范，场地整洁，操作工具摆放安全
				B	操作规范，场地较整洁，操作工具摆放安全
				C	操作规范，场地部分不整洁，操作工具摆放安全
				D	操作规范，场地部分不整洁，操作工具摆放不安全
				E	操作不文明，场地没清理
合计配分			20	合计得分	

等级	A（优）	B（良）	C（及格）	D（较差）	E（差或缺考）
比值	1.0	0.8	0.6	0.2	0

"评价要素"得分 = 配分 × 等级比值

【试题三】做畦盖膜和定植（考核时间：25 min）

1. 操作条件

（1）1个标准大棚操作场地。

（2）钉耙、铁锹、绳子等必要农具。

（3）地膜、打洞机、育成的瓜苗、水桶等实物。

2. 操作内容

（1）用绳子把大棚田块纵向平均分成两部分，做畦8 m，定植16株苗。

（2）做成30 cm高的畦子。

（3）均匀地覆盖地膜后用土压实。

（4）用打洞机打定植穴，株距40 cm。

（5）把瓜苗放入定植穴内，用细土压实。

（6）在定植苗穴内浇足水。

3. 操作要求

（1）做畦要直，畦面土要细，畦面要平。

（2）定植穴深度为10 cm左右，纵向定植穴呈直线。

（3）定植后苗周围要放细土并压实，浇水后不能有空隙。

4. 评分项目及标准

序号	评价要素	考核要求	配分	等级	评分细则
1	做畦覆膜	做畦要直，畦面土要细，畦面要平，覆膜要紧密	8	A	完全按要求操作
				B	畦面、操作沟基本符合定植要求，覆膜不紧
				C	畦面基本符合定植要求，操作沟不直、过浅，覆膜不紧
				D	—
				E	畦面不符合定植要求，操作沟不直、过浅，覆膜不紧

序号	评价要素	考核要求	配分	等级	评分细则
2	定植浇水	定植后苗周围要放细土并压实，浇水后不能有空隙	6	A	完全按要求操作
				B	定植苗周围细土基本压实，浇水方式正确
				C	定植苗周围细土基本压实，浇水方式基本正确
				D	定植苗周围细土没压实，浇水方式基本正确
				E	定植苗周围细土没压实，浇水方式不正确
3	熟练程度	做畦8 m，定植16株苗	4	A	全部完成
				B	完成80%及以上，但未全部完成
				C	完成60%及以上，但未达到80%
				D	完成30%及以上，但未达到60%
				E	完成30%以下
4	文明操作与安全	操作规范、安全、文明，场地整洁	2	A	操作规范，场地整洁，操作工具摆放安全
				B	操作规范，场地较整洁，操作工具摆放安全
				C	操作规范，场地部分不整洁，操作工具摆放安全
				D	操作规范，场地部分不整洁，操作工具摆放不安全
				E	操作不文明，场地没清理
合计配分			20	合计得分	

等级	A（优）	B（良）	C（及格）	D（较差）	E（差或缺考）
比值	1.0	0.8	0.6	0.2	0

"评价要素"得分＝配分×等级比值

【试题四】瓜果主要生理病害识别（考核时间：25 min）

1. 操作条件

（1）50 m² 左右的教室或 100 m² 左右的操作场地。

（2）识别生理病害的实物、照片或幻灯片等。

（3）放置实物或标本的操作台若干。

2. 操作内容

（1）识别三种瓜果生理病害。常见生理病害有缺钙、缺铁、缺氮、缺钾、缺磷等。

（2）说明防治方法。

3. 操作要求

（1）根据实物标本、照片或幻灯片指出对应的生理病害。

（2）根据所回答的生理病害名称说明其防治方法。

4. 评分项目及标准

序号	评价要素	考核要求	配分	等级	评分细则
1	症状识别	正确识别3个生理病害症状	10	A	正确识别3个以上生理病害（含3个）
				B	正确识别2个生理病害
				C	正确识别1个生理病害
				D	经提示，能识别1个生理病害
				E	完全错误
2	防治	正确指出3个生理病害的主要防治方法	10	A	正确指出3个以上防治方法（含3个）
				B	正确指出2个防治方法
				C	正确指出1个防治方法
				D	经提示，能指出1个防治方法
				E	完全错误
	合计配分		20	合计得分	

等级	A（优）	B（良）	C（及格）	D（较差）	E（差或缺考）
比值	1.0	0.8	0.6	0.2	0

"评价要素"得分 = 配分 × 等级比值

【试题五】农药配制及喷施技术（考核时间：25 min）

1. 操作条件

（1）100 m^2 左右的田间场地，栽有瓜类植物。

（2）15 kg 容量的喷雾器、量杯、五种农药（或替代品）、清水、扭力天平等实物。

（3）放置实物的操作台。

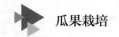

2. 操作内容

（1）用甲、乙两种不同的粉剂农药混合配制农药，一起喷施。

（2）配制药液 10 kg：甲农药 550 倍、乙农药 1 500 倍混合配制。

（3）用天平称取一定量的农药。

（4）配制后正确均匀地喷施在植株上。

3. 操作要求

（1）计算、称量（或量取）要正确。

（2）农药要搅拌均匀。

（3）喷施农药时要注意风向及喷雾枪头的方向。

（4）喷施的雾点要细，各叶片上药液要均匀。

4. 评分项目及标准

序号	评价要素	考核要求	配分	等级	评分细则
1	计算、称量	计算、称量要正确	8	A	完全正确
				B	甲或乙农药称量误差在 20% 以下，另一种完全正确
				C	甲或乙农药称量误差在 50% 以下，另一种完全正确
				D	两种农药称量误差均在 30% 以下
				E	两种农药称量均存在误差，且至少一种农药称量误差在 30% 及以上
2	混合	农药按先后顺序混合，并搅拌均匀	5	A	分别按要求配制母液，达到稀释浓度，搅拌均匀
				B	基本能配制母液，达到稀释浓度，搅拌均匀
				C	基本达到稀释浓度，搅拌基本均匀
				D	基本达到稀释浓度，搅拌不均匀
				E	稀释浓度错、搅拌不均匀
3	喷施	喷施的雾点要细，各叶片上药液要均匀，并注意风向及喷雾枪头的方向	5	A	操作完全正确
				B	喷施方法正确，叶片上药液基本均匀
				C	喷施方法基本正确，叶片上药液基本均匀
				D	喷施方法不正确，叶片上药液基本均匀
				E	喷施方法不正确，叶片上药液不均匀

续表

序号	评价要素	考核要求	配分	等级	评分细则
4	文明操作与安全	操作规范、安全、文明，场地整洁	2	A	操作规范，场地整洁，操作工具摆放安全
				B	操作规范，场地较整洁，操作工具摆放安全
				C	操作规范，场地部分不整洁，操作工具摆放安全
				D	操作规范，场地部分不整洁，操作工具摆放不安全
				E	操作不文明，场地没清理
合计配分			20	合计得分	

等级	A（优）	B（良）	C（及格）	D（较差）	E（差或缺考）
比值	1.0	0.8	0.6	0.2	0

"评价要素"得分 = 配分 × 等级比值

培训任务二

西瓜栽培技术

引导语

　　我国西瓜栽培已有上千年的历史，在长期的生产实践中积累了丰富的栽培管理经验。改革开放以来，随着人民生活水平的不断提高，人们对西瓜的需求也发生了显著变化。为此，农业科技人员在西瓜栽培技术方面，加大了对与优质、特色西瓜品种相配套的地膜覆盖、小环棚双膜覆盖、大棚栽培和嫁接栽培等高产保优栽培技术的研究、示范、推广的工作力度，使西瓜保护地栽培面积迅速扩大，实现了早熟增产增收的目标，对填补春夏秋西瓜市场起到了很好的调节作用。本培训任务将就目前我国西瓜生产中的主要栽培方式，如地膜覆盖栽培、小环棚双膜覆盖栽培、大棚栽培和嫁接栽培等技术进行介绍。

学习单元 ①

地膜覆盖栽培技术

西瓜地膜覆盖栽培是在普通栽培的基础上，在地面上覆盖一层农用塑料薄膜。由于地膜具有增温、保墒等作用，所以可促进西瓜植株根系生长，生育期提前，提早成熟。由于该技术成本低，增产增收效果显著，目前已成为重要的西瓜栽培方式，在全国各地大面积推广应用。

一、定植前准备

1. 田块选择

选用地下水位低、排灌方便，3~5年未种过西瓜的田块。若在水稻区内，最好连片种植西瓜，防止"水包旱"现象的发生。

2. 整地与做畦

（1）冬前深耕。在秋季水稻收获后即行翻耕。一般东西畦向有利于保温和增加光照，而翻耕深度要求在25~30 cm，同时挖好四沟，即丰产沟、操作沟、腰沟和围沟。沟深基准以定植穴底为起点，逐级加深，要求雨后沟内不积水，腰沟深30~40 cm，围沟深40~50 cm。

（2）施足基肥。基肥以优质有机肥为主，一般每亩施禽畜肥3 000 kg、过磷酸

钙 50 kg、钾肥 20 kg。于冬季深耕时，先将有机肥一次施入瓜路作基肥（撒施耕入），春季再将化肥撒入 50 cm 宽的定植带内，使肥料分布在深 30 cm、宽 50 cm 的带状范围内。基肥用量占总用肥量的 50% ~ 70%，每亩折合纯氮 7.5 ~ 10 kg、五氧化二磷 6.5 ~ 7.5 kg、氧化钾 7.5 ~ 10 kg。

（3）整地做畦。为了使地膜与畦面紧密接触、达到增温的良好效果，铺地膜前必须将畦面整细整平，要求畦面起垄成龟背形。一般在定植前 3 ~ 5 天精整好瓜路，畦高于地面 8 ~ 10 cm。

二、定植及覆膜

1. 定植时机

长三角地区定植作业通常安排在断霜后（约 4 月中旬），气温稳定在 14 ℃以上，膜内 5 cm 土温 15 ℃时进行。定植时要求天气晴暖无大风，且定植后也能连续几天为晴暖天气，以利于定植后缓苗。为提高地温、促进缓苗，最好在定植前 5 ~ 7 天覆盖地膜。为此，在采用营养土块育苗情况下，应在起苗前数日，向苗床浇一次透水（浇水日期和水量视苗床墒情和天气而定），使起苗时土块内既有适量水分，又不因过湿而散坨。如用塑料钵育苗，则可在起苗前一日浇一次水，并且由于钵内土壤较疏松，要带钵搬苗。已散坨或叶片、生长点受到严重损伤的瓜苗不要定植。

2. 定植覆膜方法

一般可在定植前 1 ~ 2 天，先按株距在覆盖地膜的畦面上划出定植穴中心位置。定植当日，先将瓜苗摆放在划定的定植穴位置一侧，然后用剪刀在定植穴上将地膜切开一个"十"字形缺口，接着用自制的钻孔器在定植穴位置上挖定植穴，穴的大小、深浅应比营养土块或营养钵的规格略大些，从定植穴内挖出的土应放在畦面的一侧。挖穴后即可向穴内灌底水，待水渗下后将瓜苗小心定植至穴内（用塑料钵育苗的，应先将塑料钵轻轻脱下），定植穴内底水用量视墒情而定，以能保证定植后可很快润湿营养土块并与瓜畦底墒相接为宜。瓜苗定植后，应及时用从定植穴内挖出的土壤把营养钵周围的缝隙填满，并用手在四周轻轻压实，然后覆盖约 1 cm 厚的土，再将掀开的地膜切口盖平，并用少量土将地膜口封严。

三、田间管理

1. 施肥

西瓜是喜肥作物，因此在施足底肥的基础上，还应根据土壤肥力状况和西瓜吸肥规律进行适时追肥。追肥前期有机肥与化肥应结合施用，防止氮肥过多，中后期氮、磷、钾肥配合，并注意增施磷、钾肥。追肥一般分提苗肥、伸蔓肥和膨瓜肥三次，若准备采收二茬瓜，则还要在第一茬瓜收获后施复壮肥。

（1）提苗肥。从西瓜出苗或定植到伸蔓前，植株正处于发根和长蔓叶的时期，故应重点促进根系和叶蔓的健壮、迅速生长。这时，追施提苗肥有利于壮苗发棵，为及早开花结果打下基础。在底肥充足、土质肥沃的条件下，也可以不追施提苗肥。此外，还可以对生长偏弱的植株偏施提苗肥，使西瓜植株生长整齐一致。此期主要以施用氮肥为主，一般可在定植后半月内浇两次腐熟的稀人粪尿或施用稀释过的氮肥液。

（2）伸蔓肥。西瓜团棵后进入伸蔓期，蔓叶开始旺长，吸肥量增加。为促进生长，迅速扩大叶面积，又要防止蔓叶徒长，故这次追肥多以腐熟的有机肥为主，并配合适量的化肥。其中，有机肥多为饼肥，而化肥则以氮、钾肥为主。用量为每亩施用腐熟的豆饼（或菜子饼、花生饼等）40~100 kg，混入尿素5~7 kg，硫酸钾5 kg，过磷酸钙10~15 kg；也可用饼肥100 kg，加三元复合肥（N∶P∶K=15∶15∶15，下同）20 kg混合沤制后施用，具体可因地制宜地确定用肥种类和数量。上海地区一般可在5月下旬追施伸蔓肥，方法是在距植株根部50~70 cm处开约17 cm深的沟，然后在沟内施肥，一般每亩用腐熟饼肥100 kg，加适量人粪和过磷酸钙，施肥后混匀盖土。

（3）膨瓜肥。当正常结瓜节位的幼瓜长到鸡蛋大小时，果实便开始迅速膨大，植株吸肥量逐渐达到全生育期的最高峰，因此应重施一次肥料，以促进果实膨大，并维持同化叶面积，防止早衰。这次肥料应以磷、钾肥为主，并配以氮肥。钾肥有利于增加果实糖分，并提高植株抗逆性，此时期若氮肥过量则西瓜品质下降。由于此时期瓜秧已封垄，若再开沟施肥会损伤根系和蔓叶，因此可顺水冲施，或先撒施肥料，随后灌水。一般每亩施用磷酸二铵15 kg、硫酸钾5 kg、尿素10~15 kg或施三元复合肥30 kg。

施过膨瓜肥后，至采收前一般可不再追肥，否则会降低西瓜品质。若后期出现脱肥现象，可用0.2%~0.3%的尿素和0.3%的磷酸二氢钾溶液进行叶面喷施追肥。

如果准备采收第二茬西瓜，则必须维持茎叶长势，防止早衰。可在第一茬西瓜采收前后2~3天追施复壮肥，一般每亩施磷酸二铵15 kg，以促进第二茬西瓜的生长。

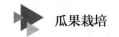

2. 灌水和排水

（1）灌水。生产中应根据西瓜不同生育期的需水特点进行灌水。地膜覆盖栽培方式一般保墒较好，加之苗期需水量少，故前期总需水量不大。但在伸蔓发棵至膨瓜期仍需补充灌水，否则易导致早衰和减产。

1）伸蔓期的灌水。在施伸蔓肥后，可进行灌水，水量应适中，以促进瓜秧稳发稳长。但伸蔓期末、临近开花期应控制灌水。

2）膨瓜期的灌水。西瓜结果期需水量增大，且气温升高，地面蒸发量大，加之地膜覆盖西瓜生长旺盛，叶面蒸腾量大，因此应保证充足的土壤水分供应，以促进果实发育。一般在大部分果实坐果并进入膨瓜期后，即开始增加灌水次数和灌水量，以保持土壤湿润。一般可根据天气、墒情和植株长相来决定灌水量。若灌水不及时，则易造成西瓜果皮过早老化（皮紧）而不发个；若土壤忽干忽湿或灌水量过大，则易造成裂果。西瓜果实定个后，可适当减少灌水量，收获前 7～10 天应停止灌水。

（2）判断瓜田的水分供给状况。在西瓜生长期间，有经验的瓜农可根据晴天中午植株叶片和龙头（蔓顶端）的长相来判断瓜田的水分供给状况。在幼苗期，若植株叶片向内并拢，叶色深绿，则表明缺水。伸蔓期以后，若植株龙头平伸或下垂，龙头处小叶向内卷且并拢，叶色发暗，则表明缺水；若植株龙头上翘，顶部叶片边缘色淡、变黄，成龄叶舒展而有光泽，则表明水分偏多。在结瓜期，若中午叶片不萎蔫或稍有萎蔫，但能很快恢复正常，则表明不缺水；若叶片萎蔫过早而且时间长，甚至傍晚仍不能恢复正常，则说明很缺水。

（3）注意事项。长江中下游地区一般 6 月中旬至 7 月初为梅雨季节。这时，主要是要做好田间排水工作，尤其在暴雨后，一定要及时排除田间积水，否则会使西瓜因受淹而枯死。而出梅后，则常常会遇到连续的高温伏旱天气，使田间蒸发量和西瓜叶面蒸腾量加大，而此时正处于西瓜膨瓜期，故应及时灌水。此时期由于中午温度太高，灌水应在傍晚进行，灌水量以离畦面 10 cm 即可，且水在沟内停留约 1 h 即将水排掉。

3. 整枝和压蔓

为了调整西瓜植株生长和结果的平衡关系，减少养分消耗，促进坐果和果实发育，并使蔓叶和果实在田间合理分布，改善田间通风透气并防止风吹滚秧及损伤叶片、果实，在西瓜伸蔓以后，应进行整枝、压蔓等株形调整工作。

（1）整枝。西瓜的整枝方式一般有单蔓整枝、双蔓整枝和三蔓整枝三种，其中，双蔓整枝和三蔓整枝应用较广泛。上海地区多采用三蔓整枝方式，整枝时除保留主蔓外，还会在主蔓基部选留两条子蔓，将其他子蔓及孙蔓全部去掉。一般先在主蔓上留瓜，若主蔓上留不住，再在子蔓上留瓜。三蔓整枝方式是适宜稀植栽培和增加坐果率的一种整枝方式。但有些地方整枝不甚严格，并且不去掉西瓜坐果后长出的子蔓，这样不利于促进果实膨大和二次结果。

（2）压蔓。由于地膜覆盖栽培的地表光滑，更易受大风危害，因此可将瓜蔓盘在地膜表面上，并用湿土压蔓或用扭成"U"形的枝条夹持着瓜蔓后倒插入瓜畦，将瓜蔓固定在地膜表面上。

4. 果实发育期管理

（1）人工授粉。西瓜为雌雄异花，需依靠昆虫传粉才能在自然条件下坐瓜。但在地膜覆盖栽培西瓜的开花初期，由于气温低，昆虫活动少，故长三角地区在早期进行人工授粉是高产的技术关键。西瓜人工授粉时间为开花当日上午7~9时。若在阴雨情况下，可用纸帽套在翌日将开放的雌花上防雨，同时将翌日将开的雄花取回室内，置于干燥处。次日早晨，当雄花正常开放散粉时，可将雄花带到田间，然后取下雌花的纸帽，在刚开放的雌花柱头上轻轻涂抹雄花的花药，将花粉涂在柱头上，最后再给雌花套上防雨纸帽即可。为标明授粉日期，可用不同颜色的彩色棒代表授粉日期，每2~3天用一种颜色，并将彩色棒插在授粉花的旁边。这样便于根据授粉后的天数或西瓜果实发育所经受的积温数以及品种特性及时采收。

（2）选瓜和定瓜。地膜覆盖栽培西瓜多以中晚熟、中大型果品种为主，因此为了长大瓜，应选择第二至第三雌花坐瓜，并及时淘汰掉主子蔓上的第一雌花（因为第一雌花的瓜小而质劣）。当幼瓜长到鸡蛋大小时，便不易再落果，这时可选留子房（瓜胎）肥大、瓜形正常、果皮色泽鲜艳而发亮的幼果进行定瓜。一般一株西瓜只留一个果实，可于主蔓上第二至第三雌花节选留一果，使其自然坐果。若主蔓上留不住时，再从子蔓上选留，但定瓜后就要将另一蔓上的幼瓜去掉。

（3）垫瓜和翻瓜。西瓜果实长至拳头大小时，应将果实顺直平放（称为"顺瓜"），然后进行垫瓜，即在果实下面垫上草圈或麦秆。垫瓜有利于促使果实生长圆正，并可防止污染和雨水浸泡，减轻病虫害。在西瓜果实定个后，便可开始翻瓜。翻瓜的目的是使西瓜果实生长匀称，并使果皮各部位都能见光而着色均匀，以提高品质。翻瓜应每隔3~4天把果实按同一方向翻动一次，每次翻动角度不大，经2~3次翻瓜后将原着地面翻到上面；若遇阴雨天，则可增加翻瓜次数。翻瓜应在傍晚进行，清早、雨后和灌水后不要翻瓜，以防断柄落果。

小环棚双膜覆盖栽培技术

西瓜小环棚双膜覆盖栽培（简称小环棚西瓜）是一种在地膜覆盖的瓜路上，再加盖一层小环棚塑料薄膜，即有双膜覆盖的保护地栽培方式。这种栽培方式可把白天通过塑料薄膜透入棚内的部分热能保存在棚内，使夜间棚内温度比外界气温高 $2 \sim 4 \ ℃$，从而使瓜苗能抵御定植后早期气温低的危害。同时，由于瓜苗在较长一段时间里，在避雨和温光条件较好的环境下生长，有利于西瓜提早成熟，以达到增产、增收的目的。加上小环棚西瓜投入的成本较低，所以无论是在南方还是在北方都得到了广泛应用。

一、小环棚双膜覆盖栽培技术基础

1. 小环棚的搭建程序

小环棚搭建程序为土地耕翻→整平→施肥和做畦→铺地膜→打洞定植→插竹片→覆盖小环棚塑料薄膜。地膜要在定植前 $5 \sim 7$ 天铺好，以提高地温。

2. 种植方式

为了节省材料，充分发挥双膜覆盖的早熟效应，便于管理，必须合理安排西瓜植株的分布，目前生产中有单行和双行两种种植方式。

（1）单行种植。单行种植是在小环棚畦中央种植一行西瓜，瓜蔓沿瓜路向两边爬伸，因此瓜苗蔓叶分布均匀，处于最良好的温度和光照条件下，这样既有利于植株生长，又方便整枝理蔓等田间管理。

（2）双行种植。双行种植是在同一棚内种植两行西瓜，畦面既可做成宽畦面，也可做成两行瓜路中间带有灌水沟的双窄畦面。宽畦面畦宽 3.5 m 左右，棚内两行行距 60 cm，株距 55 cm，每亩种植 700 株左右，两行瓜呈"S"形种植，并且采用反向爬蔓和双蔓整枝方式。这种种植方式虽可节约搭建小环棚的材料，但是管理不太方便。

小环棚塑料薄膜可窄可宽，规格有厚 0.015 mm、宽 1 ~ 2 m 的普通地膜，以及厚 0.03 ~ 0.05 mm、宽 2.2 ~ 3.3 m 的无水滴膜。如果采用两行种植方式，小环棚膜应宽一些。

3. 小环棚双膜覆盖的性能

小环棚双膜覆盖除了具有地膜覆盖的增加地温、保墒抗旱和防涝等功能外，棚内地温的增温效应也相当明显。据江苏省农业科学院蔬菜研究所测定，在南京地区 3 月下旬至 4 月时，棚内平均气温可达 16 ~ 25 ℃，比露地高 8 ~ 11 ℃，而棚内地温则可增加 2.5 ~ 4.5 ℃。因此，小环棚西瓜的早熟增产效果十分明显，西瓜上市期比地膜覆盖栽培提早 15 天以上。

另外，小环棚西瓜的瓜苗在密闭状态下生长，其生长条件比地膜覆盖栽培西瓜显著改善，但由于小环棚的棚体较小，棚内外空气温差变化快，变化幅度大。一般晴天增温明显，棚内外最大温差可达到 15 ~ 20 ℃，故在 4 月中上旬晴天的中午要注意避免高温烧苗。小环棚西瓜从 4 月下旬开始，可将斜插的小环棚竹片插成与瓜路垂直的状态，重新覆上塑料薄膜，并用绳子在棚膜上呈"之"字形勒紧，两侧拴在木桩上，小棚两边薄膜掀起 15 ~ 20 cm，使小棚呈撑伞状，这样可在梅雨期间起到较好的避雨作用。

4. 栽培特点

20 世纪 90 年代中后期开始推广的小环棚西瓜主要有两个特点。

（1）品种选择余地更大。除了早佳（8424）、京欣 1 号等早熟、优质、高产中型西瓜外，春光、早春红玉、拿比特和万福来等早熟、优质、高产小型西瓜品种也逐步采用小环棚技术生产。

（2）播种时间大大提早。20 世纪 80 年代，长三角地区夏熟作物以大小麦、油菜等作物为主，西瓜基本上是大小麦的套种作物，故茬口模式以麦—瓜—稻为主。因受到前茬作物（大麦或小麦）出茬时间的影响，小环棚西瓜的播种期多集中在 3 月下旬，故坐瓜期间常会受到梅雨的影响，因此为了取得高产，栽培上对小环棚西瓜的带瓜入

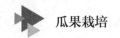

梅要求比较高。而从 20 世纪 90 年代中后期开始，小环棚西瓜的播种期不断提早，其主要原因包括以下几点：首先，种植业结构的迅速调整，特别是大小麦种植面积的迅速减少，为小环棚西瓜播种、定植时间的提早创造了条件；其次，城市居民生活水平的大幅度提高，为早熟西瓜取得高效益提供了市场条件；最后，育苗和大田管理水平的提高，为小环棚西瓜播期的普遍提早提供了可靠的技术保障。因此，目前长三角地区小环棚西瓜的播期已普遍提早到 2 月中下旬，上市期则提早至 6 月上中旬。

虽然小环棚西瓜的播种、定植期普遍提早，但带瓜入梅技术要求对一些迟播种的小环棚西瓜仍具有十分重要的指导意义。举例来说，据气象资料统计，一般年份，上海 6 月 15 日入梅，而入梅期在 6 月 7 日前的概率为 3.4%，6 月 7 日至 13 日为 48.3%，6 月 14 日至 20 日为 27.6%，6 月 21 日后为 20.7%，所以栽培上应力争在 6 月 7 日前尽可能多地开花坐果，以提高产量和稳产性。据此推算，上海地区小环棚西瓜的播种期不应晚于 3 月底。

二、小环棚双膜覆盖栽培技术要点

1. 培育壮苗

西瓜塑料小环棚育苗技术，是在人工创造的小气候环境（苗床）中育苗，使幼苗在苗床上正常生长，待西瓜幼苗达到一定指标和外界气温提高到适宜于西瓜生长时，再移到田间种植的育苗技术。幼苗在苗床中的生长时间，约占西瓜整个生育期的 1/3，因此塑料小环棚育苗技术的好坏，将直接影响下一阶段西瓜地膜覆盖栽培成功与否。

（1）播期的确定。以上海地区为例，塑料小环棚西瓜育苗时间以早播早移栽的瓜苗不受 3 月低温危害、晚播晚移栽的西瓜能带瓜入梅为标准，因此播种时间以 2 月中旬至 3 月下旬为宜。若在 2 月中旬前播种，就会增加 3 月遇低温危害的概率；晚至 3 月底播种，则增加遇梅雨期危害的概率。

（2）育苗方法。育苗方法大致可分为电加温床育苗和冷床育苗。播种早的采用先催芽，然后在电加温床上播种或假植的方法育苗；播种晚的可催芽，也可在浸种后直接播种在冷床上，进行育苗。

（3）播种前的准备工作、种子处理、播种和苗床管理，可参照西瓜春季大棚早熟栽培育苗技术。

（4）移栽时壮苗的主要形态特征和病虫害防治，可参照西瓜春季大棚早熟栽培育苗技术。

2. 整地施肥

（1）田块选择。长三角地区西瓜生产期间，特别是中后期雨水较多，所以瓜田除了要选择土地肥沃、多年未种过西瓜的水稻土外，还要求田块地势高、排灌方便。

（2）精细整地。秋季水稻收获后应立即耕翻，深度30 cm左右，经冬季冻垡熟化，有利于杀死病菌、害虫、杂草，改善土壤理化性状。要求冬捣2～3次，做畦时做好三沟配套，畦面做成龟背形，瓜路比沟高出50 cm左右。

（3）施足基肥。结合整地，每亩施腐熟猪粪2 000 kg，三元复合肥50 kg，小型西瓜用肥量可减少1/3。基肥施在瓜路上，宽约1 m，做畦时深翻入土，一般肥料在移栽前3～4周施入。

3. 定植

（1）定植时期。小环棚西瓜主要栽培目的之一是早熟，因此在早育苗、育大苗的基础上，可适当提早定植期。一般在3月20日以后，日平均气温达10 ℃以上时，便可安全定植。

（2）定植密度。若单行定植，畦宽2.8 m左右，株距48 cm，每亩定植500株；若双行定植，则畦宽为3.5 m，棚内行距60 cm，株距55 cm，每亩定植700株；而畦宽为2.2 m双窄面的，株距45 cm，每亩定植650株。

（3）定植方法。为了使瓜苗能在定植后尽快成活，定植前必须充分做好各项准备工作。一般要求在定植前5～7天覆盖好地膜，以提高地温，且地膜最好全畦覆盖。准备定植的瓜苗必须在定植之前一周进行低温炼苗，即苗床在夜间只覆盖一层膜，使苗床温度与瓜苗移栽后的大田环境相接近，以提高瓜苗定植后的抗寒能力。定植前一天苗床浇一次水，并喷一次多菌灵或甲基托布津等杀菌农药。

3月20日前后，当瓜苗秧龄达30～35天时，抢晴暖天气进行定植，最好在连续阴雨低温过后定植，可有效地避免"僵苗"的发生。定植宜在下午2点之前进行，这样，当天气尚暖时就密封小环棚，有利于缩短瓜苗缓苗期。定植时要做到边定植、边浇水、边盖膜。为了避免在定植时浇水太多，地温降低而影响缓苗，可在盖地膜前先浇足底水，这样定植时只需浇少量活棵水。小环棚四周要用土压紧盖严，不得漏风，以免早春冷空气侵入而伤害幼苗。为了防止大风吹掉棚膜，可用绳子加以固定。

4. 田间管理

（1）温度管理。小环棚西瓜定植后，由于当时外界气温尚低，所以在温度管理上，除了提高瓜苗夜间的抗寒能力外，还要依靠小环棚覆膜来创造白天瓜苗生长所需的良好温光条件。同时，由于小环棚内的空间较小，晴天中午棚内温度上升快、升幅大，

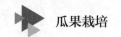

特别在天气逐渐变暖时，极易出现高温烧苗现象；而当强寒流天气来临时，棚内温度又会大幅度降低，易出现冷害现象。因此，小环棚西瓜在小环棚覆膜期间，管理上主要围绕覆膜保温或通风降温等进行。

瓜苗定植后，一般先闷棚1周，起到保温、防霜冻危害和促进缓苗的作用。待活棵后开始通风换气，并随气温升高逐渐增加通风量、延长通风时间。定植后第二周、第三周内实行30～35℃的高温管理，以促进茎叶生长和花芽分化。若棚内温度高于35℃，须通风降温，一般可先打开小环棚下风口的一头，等气温升高后再打开另一头通风。如这样仍不能降低棚内气温，则可在小环棚背风的一侧开口通风，切勿在迎风一侧开口通风，否则会因冷风直接吹入小环棚内而引起伤苗。

通风除了具有降低棚温、交换棚内外空气的作用外，还能降低棚内湿度，进行适当的炼苗，从而使茎叶健壮生长。通风应遵循苗小小通风、苗大大通风、中午晴天多通风、早晚阴天少通风的原则。一般前期通风做到早揭晚盖，当气温回升至白天20℃以上、晚上15℃左右时，晚上可不关通风口；到4月下旬后，可把小环棚斜插的竹片插正，并使两边的薄膜高于地面15～20 cm，使小环棚呈撑伞状，起到避雨的作用。

（2）整枝。为了减少不必要的养分消耗，可通过整枝，使西瓜植株的叶片合理分布，以提高光合作用的效率，同时还可进一步改善田间通风透光条件，抑制或减少病害的发生和蔓延。整枝最好是在分枝长到10～15 cm时进行，若超过20 cm，则分枝已变老硬，整枝时易损伤主蔓或选留的子蔓。一般当主蔓长至50 cm时进行第一次整枝。

上海地区小环棚西瓜整枝方法主要有二蔓整枝（即主蔓加一个子蔓）和三蔓整枝，具体采用何种方法，应根据种植的品种类型、种植密度、土壤肥力和长势强弱来确定。一般小型西瓜或种植密度低的中熟品种（每亩500株左右），宜采用三蔓整枝；而密度较高的中熟品种（每亩600～700株），宜采用二蔓整枝。若土壤肥力差、生长势弱则可少整枝，反之则整枝力度可大些。在坐果之前，无论是二蔓整枝，还是三蔓整枝，在主蔓和选留子蔓上的侧枝应全部整掉，坐果后的侧枝可以适当保留一部分，以提高植株的光合作用能力。若万一气候反常，坐果困难，这些保留枝可用作预备结果枝。坐果后，当主蔓长到25～28节时进行打顶。

此外，整枝打顶工作要结合大通风进行，由于小环棚内空间较小，容易因分枝过多而造成茎叶拥挤，影响生长，因此要及时整枝。整枝应在晴天上午田间露水干后进行，并在整枝后喷一次杀菌剂，如百菌清、多菌灵、甲基托布津等农药。

生产中常会出现一些小环棚西瓜因种植密度太高或生长势过旺而坐果困难的现象，若按常规方法整枝，则会越剪越旺。这时，可以采用"去强留弱"的大整枝方法进行整枝，挽回一些中后期果。

（3）理蔓和压蔓。由于小环棚内空间小，而瓜蔓又必须在瓜棚内生长3～4周，所以前期瓜蔓难以按要求的方向和间距放置，因此初期的理蔓工作必须将瓜蔓暂时引向可伸展的方向或顺畦向朝同一方向引蔓，同时将瓜蔓在棚内均匀排开，防止杂乱拥挤、相互重叠。

到4月中下旬，要及时进行引蔓和理蔓，然后把瓜蔓按要求的方向放置，使蔓与蔓均匀地分布在畦面上。在操作过程中，动作要轻，注意不要碰伤、碰落雌花和瓜胎。引蔓工作应在下午进行，此时西瓜茎叶不易折断。

在引蔓的同时，要做好压蔓工作。地膜覆盖较宽的，压蔓要求高些；覆盖较窄且地膜外铺草的，则只需将瓜蔓引向铺在畦面的草上，瓜蔓在生长过程中，将卷须缠绕在草上即可自行固定瓜蔓。

（4）人工授粉。现在的小环棚西瓜，由于播种、定植时间大为提前，因此西瓜开花、坐果的时间也相应提早。一般在2月下旬播种、3月下旬定植的小环棚西瓜，4月下旬至5月上旬就可进入开花坐果期，此时由于气温尚低且气候不稳定，故坐果有一定难度。若采用人工授粉，则可大大提高坐果率，同时可以平衡植株的营养生长和生殖生长。人工授粉的时间应在上午开花后至9时前进行为好。有丰富栽培经验的瓜农一般在第一雌花和第二雌花节位上都进行授粉以使其坐果，但第一朵雌花坐果是为了控制植株的营养生长，故当第二朵雌花坐果后，应去掉第一朵雌花上的幼果。这种方法在南方西瓜坐果期间，气候反常的情况下可以有效地控制植株的长势，从而保证坐果率。若植株长势过旺，即使采用人工授粉也难以坐果时，则可以喷施坐果灵来强制坐果。但在使用坐果灵时要注意使用方法，如气温较高，应适当降低使用浓度，且喷液时在瓜胎两面各喷一次，使药液在瓜胎上分布均匀，以减少畸形果。

（5）肥水管理

1）用肥管理。施肥时，对基肥较足的田块，在坐果前不再追肥，而当幼瓜长到鸡蛋大小时，要及时追施膨瓜肥。一般小型瓜追肥量少些，每亩施尿素10～15 kg，可分2～3次追施，而中型瓜追肥量可多些。此外，中型瓜还有一种追肥方法，即把一部分基肥安排在西瓜伸蔓时施入，这次所追肥料农民称之为"伸蔓肥"，是第一次量比较多的追肥。伸蔓肥料可用腐熟饼肥，每亩施40～50 kg，加三元复合肥15 kg，采用条沟施肥的方法施在瓜路的两侧，或施在西瓜爬蔓方向的那一侧。施伸蔓肥后可根据瓜蔓的长势，追施一次膨瓜肥。这种施肥方法有利于西瓜稳健生长并且生长后期不早衰。

2）水分管理。水分管理应视土质、土壤墒情、降雨情况等灵活掌握。原则上坐果前一般不浇水，因前期浇水易造成地温下降，导致瓜苗徒长而影响坐瓜。当第一批幼瓜坐果后，随着幼瓜的膨大，需水量会逐步增加，如此时土壤干旱，须及时进行沟灌，否则产量会大幅下降，但沙性土和盐碱田不宜灌水。灌水应在傍晚或夜间地温较低时

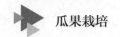

进行，并在清晨前把水排掉，以避免白天高温灌溉时损伤根系。灌水时，不要让水漫出畦面，以防灌水后土壤板结，伤及西瓜的根系。若灌水后又遇暴雨，也会引起涝害，因此灌水前一定要先了解一下未来 2～3 天的天气情况。长三角地区在春夏季节雨水较多，所以在西瓜生长中后期要特别注意做好田间的排水防涝工作，要做到田间三沟配套，使雨后田间不积水。

5. 采收和其他管理

（1）果实管理。小环棚西瓜以早熟、优质、高产为目标，因此除了加强田间肥水管理外，还要做好选果留瓜、垫果翻瓜和防病除草等管理工作。一般选留主蔓上第二雌花节位的瓜，这样最有利于丰产，而及时垫果和翻瓜可使瓜形端正，并且可以保证皮色美观。

（2）采收。小环棚西瓜因栽培季节较早，果实发育期间气温相对较低，故从开花到果实成熟的时间较长。如果人为提早采收，会影响品质。一般小型西瓜的果实成熟期为开花后 32～35 天，中型西瓜晚 3～5 天。所以为了确保果实成熟，在人工授粉时，可采用插标杆或放纸牌的方法来标明授粉日期，以便适时采收。

（3）选留二茬瓜。长三角地区 6—7 月雨水比较集中，小环棚西瓜一般瘫藤较早，多数瓜田在 6 月底至 7 月上旬拉藤后便种上瓜后稻。但在 6—7 月干旱少雨的年份，小环棚西瓜茎叶可保持嫩绿且持续结果性好，如 2000 年就是这种情况，由于该年梅雨量少，加上 7—8 月持续高温，西瓜不仅持续坐果情况好，而且市场销售价格高，可继续选留二茬瓜。收二茬瓜的技术要求为在第一茬瓜采收前 2～3 天，每亩再追施尿素和三元复合肥各 10～15 kg，要兑水施入，并在头茬瓜采收后，做好田间杂草清除和植株整理工作，以保持田间良好的通风透光条件，满足西瓜后期生长发育所需的肥水和温光等条件。

学习单元 ③

大棚栽培技术

中小型西瓜生长迅速，果实成熟早，在保护地设施条件下可多茬栽培，其栽培方式主要分为春季大棚栽培、秋季大棚栽培和长季节大棚栽培。

一、春季西瓜大棚栽培技术

1. 品种选择

中果型西瓜宜选择"早佳（8424）""抗病948"等类型品种；小果型西瓜宜选择"早春红玉""拿比特""小皇冠"等类型品种。

2. 播期

播期宜选在1月下旬—2月上旬。

3. 培育壮苗

（1）营养土配制。营养土应按床土90%、商品有机肥10%比例，再按每亩大田用苗所需营养土中加硫酸钾型三元复合肥（$N:P_2O_5:K_2O=15:15:15$，下同）或西甜瓜专用配方肥（$N:P_2O_5:K_2O=15:10:17$，下同）1.0 kg要求配制。床土宜选择肥沃、疏松、4~5年未种过葫芦科和茄果类作物的水稻田表土，并在使用前1~2个月将各材料混合均匀，堆制、过筛后备用。

（2）营养土消毒和制钵。播种前7～10天应对营养土进行消毒，营养钵可选用高度和直径均为8～10 cm的泥钵或塑料钵。

（3）苗床的设置。采用电加热温床育苗方法，其步骤如下。

1）苗床建造。在大棚内的畦面上做一水平地面，即平整床底，其上铺一薄层稻草或砻糠，作为隔热层（厚度1～2 cm）。

2）苗床布线。布线时选用长120 m、功率1 000 W或者长100 m、功率800 W的电加温线。布线时苗床两侧宜布得稍密些，两线间距为6～8 cm，中间稍稀些，两线间距为8～10 cm。在床两端应按要求插入小木棒，其间来回布线，线应拉紧不松动，线与线不能重叠、交叉、打结。需用多根电加热线的，则各根电加温线的引线要引向同侧，在单相电路中并联后与电源相接。

（4）营养钵摆放。营养钵应在布线后的电加热线上按梅花形摆放。苗钵放满苗床后，苗床四周宜用土封住。

（5）种子处理

1）晒种。播种前选晴天晒种2天。

2）浸种。将种子放入55 ℃温水中，搅拌15 min，然后让其自然冷却并浸种4～6 h，最后洗净种子表面黏液。

3）催芽。催芽方法一般有恒温箱催芽法和人体催芽法。

①恒温箱催芽法。这种方法即采用具有自动控温装置的恒温箱进行催芽。先将恒温箱温度设定在30～32 ℃，打开电源通电加热并使箱内温度稳定；然后将湿纱布或湿毛巾放在浅盘等容器上，再把种子均匀地平摊在湿纱布或湿毛巾上，上面盖1～3层湿纱布；最后将浅盘放入恒温箱中。催芽至大部分种子露白。

②人体催芽法。这种方法即将种子用湿纱布包好，装入两层塑料袋内（塑料袋应完整无损），扎好袋口，放在贴身衣服的外面。催芽至大部分种子露白。

（6）播种。播种前钵体要浇透水，每钵播一粒种子，种子平放，胚根向下，然后均匀覆上厚约1 cm经消毒处理过的细营养土。播种后钵体上面覆盖一层塑料薄膜，然后搭小环棚盖薄膜保温。待秧苗50%拱土时揭去塑料薄膜。如果出现种壳"戴帽"现象，可在清晨露水未干时人工摘除。

（7）苗床管理

1）温度管理。可采用"二高二低"变温管理方法对苗床进行温度管理。播种后至出苗前的床温应保持白天30～32 ℃，夜间20～22 ℃；出苗后至第一片真叶展开期间的床温应保持白天24～25 ℃，夜间15～18 ℃；第一片真叶展开后床温应保持白天30～32 ℃，夜间18～20 ℃；大田定植前一周，进行揭膜通风炼苗。

2）水分管理。出苗后至第一片真叶出现期间应严格控制水分。第一片真叶出现后视苗床钵体的干湿程度于晴天的中午前后进行适量浇水，浇后待植株表面和土表水分蒸发、水渍收干后再盖塑料薄膜。

3）通风和光照管理。育苗应采用新的塑料薄膜。齐苗后在床温许可的范围内，应尽量揭开小环棚塑料薄膜，进行通风，降低苗床空气湿度。

（8）壮苗的主要特征。定植时，西瓜壮苗的形态特征是子叶完整，下胚轴粗壮，真叶叶片厚，叶色浓绿，根系发育好、无损伤。一般秧龄 28 ~ 30 天，叶龄 2 叶 1 心 ~ 3 叶 1 心，苗高不超过 10 cm。

4. 定植

（1）定植前大田准备

1）田块选择。应选用地下水位低、排灌方便、土质疏松、肥力好、4 ~ 5 年未种过瓜类的水稻田块。

2）耕翻。秋季水稻收获后即行翻耕，翻耕深度 25 ~ 30 cm。定植前 20 ~ 30 天，将土壤冬捣 1 ~ 2 次。

3）施基肥。一次性全耕层施足基肥，地爬式栽培每亩施腐熟菜饼肥 150 kg，或商品有机肥 400 ~ 500 kg，再加三元复合肥或西甜瓜专用配方肥 50 kg；立架栽培每亩施腐熟菜饼肥 200 kg 或商品有机肥 400 ~ 500 kg，再加三元复合肥或西甜瓜专用配方肥 60 kg。

4）开沟、做畦。定植前应开好配套沟系。棚与棚之间的出水沟，沟深 0.3 m；大棚两端排水沟，沟深 0.4 m；排水沟与大明沟相通，大明沟深超过 0.5 m。棚内操作沟宽 30 cm、深 20 cm。

①地爬式栽培。每个大棚内做两畦，每畦宽 2.4 ~ 3.5 m，畦高 0.25 m，畦面呈龟背形。

②立架栽培。在整地做畦时，把棚内 6 m 宽的畦面分成三畦，中间一畦连沟为 1.2 m，旁边二畦连沟为 2.4 m，畦高 0.25 m，畦面呈龟背形。

5）搭棚和覆膜。应在定植前 15 ~ 20 天搭好大棚，盖好膜。

棚型结构为四层多功能膜覆盖的大棚。棚顶高度 2.3 ~ 2.5 m、宽 6 ~ 8 m。棚内用竹片作支架搭中环棚和小环棚，大棚薄膜厚 0.08 ~ 0.1 mm；中环棚膜厚 0.03 ~ 0.04 mm；小环棚膜厚 0.015 ~ 0.02 mm；地膜厚 0.015 mm，覆盖整个畦面。

（2）定植时期。定植以秧龄、叶龄、大棚内 10cm 深地温稳定在 12 ℃以上为依据，一般在 2 月下旬至 3 月上旬，抢晴天连续作业，大小苗分开定植。

（3）栽植密度。地爬式栽培，小果型品种每亩栽 550 ~ 600 株；中果型品种每亩栽 500 株。

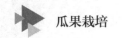

立架栽培，小果型品种行距 1.2 m、株距 0.5 m，每亩栽 900 株；中果型品种行距 1.2 m、株距 0.6 m，每亩栽 750 株。

（4）定植方法。瓜苗定植在畦的中间。先按株距破膜挖好苗穴，然后将苗钵放入，钵的四周及底部应用细土填实，然后视土壤干湿度浇好活棵水，水温保持在 12～15 ℃。破开的膜应围绕秧苗基部四周铺平，并盖土封口，盖好小环棚膜。

5. 定植后管理

（1）温度管理。缓苗期内一般不应通风。瓜苗活棵后可视气候适当通风晒苗，坐果前大棚温度白天保持在 28～30 ℃，夜间不低于 10 ℃。棚温超过 35 ℃时，开棚的两端或在背风处揭膜通风；阴雨天气，在温度许可情况下可揭除内膜，适当通风降湿。随着瓜蔓逐渐生长，依次拆除小环棚、中环棚；当瓜蔓伸长至坐果节位时，适当降温促坐果，白天棚温不超过 28 ℃；在果实膨大阶段，增温拉大昼夜温差，棚内温度白天控制在 28～30 ℃，夜间控制在 18～20 ℃。

（2）整枝理蔓

1）整枝。地爬式栽培，按照定植密度选择相应的二蔓或三蔓整枝方式。主蔓长至 30 cm 时，基部选留 1～2 根生长健壮的子蔓。坐果前长出的其余子蔓一律剪除。整枝要及时。

立架栽培，小果型品种宜在 5～6 叶时摘心，子蔓长出后，选留三条长势基本一致的健壮子蔓，利用子蔓结果，每株留二瓜；中果型品种可采用一主二侧三蔓式整枝，每株留一瓜，当蔓长到 25～28 节位时可进行打顶。

2）理蔓。地爬式栽培，瓜蔓长至 50～60 cm 时，应进行理蔓，以"V"字形牵引至畦面，使茎叶分布均匀。

立架栽培，瓜蔓长至 50 cm 时，拆去大棚内的中环棚和小环棚，并搭架。搭架的材料可用长约 1.8 m、直径 4 cm 的竹竿，每隔 2.5 m 竖一根，入土 20 cm，在竹竿顶部横扎一根竹竿或铅丝，接近地表处横拉一根尼龙绳（瓜苗定植活棵后就可拉好），然后用绳索呈螺旋形牵引瓜蔓上架。上架宜在晴天下午进行。

（3）除草

1）时间。定植后，当田间大部分杂草发芽并有少量已顶出土层时应进行除草。

2）选用药剂。每亩用 41% 草甘膦水剂，兑水 100 mL，定向喷施。

3）操作要求。在喷药前，把平铺的地膜撩起并盖在简易小棚上面。喷药结束通风后，铺平地膜，拔除瓜秧根基部周围的杂草。

（4）授粉、坐果、疏果

1）授粉。授粉时可采用人工辅助授粉方法授粉，采下当天开放的雄花，撕去花冠将花粉粒均匀地涂抹在当天开放的雌花柱头上。授粉时间可选在晴天上午7：00—9：00，阴天8：00—10：00。授粉后应做好授粉日期标记。

2）坐果。坐果节位为主蔓的第2～3朵雌花，子蔓的第1～2朵雌花。中果型西瓜每株结果1～2个，小果型西瓜每株结果2个。

3）疏果。幼果长至鸡蛋大小时应进行疏果，选留符合该品种特性的幼果。

4）网袋吊瓜。立架栽培，当瓜长至0.5 kg时，用尼龙网袋把瓜套在网袋中，上面用绳索吊在横杆上。

（5）肥水管理。疏果后及时施膨瓜肥，地爬式栽培每亩追施三元复合肥或西甜瓜专用配方肥15～20 kg，立架栽培20 kg，分两次进行，间隔7～10天。采用经浸泡后1：100倍兑水后浇施或滴灌的施用方法。瓜成熟前10天停止施用肥水。

6. 病虫害防治

应贯彻"预防为主，综合防治"的植保方针，推广应用绿色防控技术，科学合理地使用化学农药，保证西瓜的安全生产。

7. 采收

采收应根据不同的授粉日期和实际成熟度来定。一般小果型西瓜果实发育期为35～38天，中果型西瓜果实发育期为38～42天。

二、秋季西瓜大棚栽培技术

1. 品种选择

中果型选择"早佳（8424）"等类型品种，小果型选择"拿比特""小皇冠"等类型品种。

2. 播期

播期为7月下旬至8月上旬。

3. 育苗

（1）营养土配制。营养土应按床土90%、商品有机肥10%的比例，再按每亩大田用苗所需营养土中加硫酸钾型三元复合肥或西甜瓜专用配方肥1.0 kg要求配制。床土宜选择肥沃、疏松、4～5年未种过葫芦科和茄果类作物的水稻田表土，并在使用前1～2个月将各材料混合均匀，堆制、过筛后备用。

（2）营养土消毒和制钵。播种前 7~10 天应对营养土进行消毒，营养钵可选用高度和直径均为 8~10 cm 的泥钵或塑料钵。

（3）苗床建造。在大棚内做 2 m 宽的畦面，将畦面整平，营养钵整齐摆放在畦面上。

（4）种子处理

1）晒种。播种前选晴天晒种 1 h。

2）浸种。将种子放入 55 ℃的温水中，搅拌 15 min，然后让其自然冷却并浸种 3 h，最后洗净种子表面黏液。

（5）播种。播种前钵体要浇透水，每钵播一粒种子，种子平放，然后均匀覆上厚 1 cm 经消毒处理过的细营养土。播种后钵体上面覆盖一层遮阳网。当出苗率达到 30% 时要及时揭除遮阳网。

（6）苗床管理

1）水分管理。一般钵体土壤表面发白时需要补水，育苗期间加强通风降温，并做好病虫害防治工作。

2）壮苗的主要特征。定植前，西瓜壮苗的形态特征是子叶完整，下胚轴粗壮，真叶叶片厚，叶色浓绿，根系发育好、无损伤。一般秧龄 10~12 天，叶龄 1~2 叶。

4. 定植

（1）定植前大田准备

1）铲除病菌源。前茬西瓜收获后应及时清除残枝叶及杂草等，土壤耕翻后灌水，高温闷棚 15 天。

2）基肥施用。每亩施商品有机肥 500 kg、三元复合肥或西瓜专用配方肥 25 kg。

3）开沟、做畦。定植前应开好配套沟系。棚与棚之间的出水沟，沟深 30 cm；大棚两头开好排水沟，沟深 40 cm；大明沟深 50 cm。每条排水沟都要与大明沟相通，棚内操作沟宽 30 cm、深 20 cm。

一般大棚内做两畦，畦高 0.2 m，畦面呈龟背形。

4）覆膜。定植前 2~3 天，应调节好土壤湿度，铺好地膜。

（2）定植时间。定植应在晴天下午 4 点以后或阴天进行。

（3）定植密度。每亩栽 500~600 株。

（4）定植方法。瓜苗定植在畦的中间。定植时应先按株距破膜挖好定植穴，然后将苗钵放入，钵的四周及底部用细土填实。栽后浇足活棵水。

5. 定植后管理

（1）温度管理。坐果前加大通风，果实成熟前注意防止夜间低温。

（2）整枝理蔓

1）整枝。整枝时采用两蔓或三蔓整枝方式。整枝宜早宜轻。坐瓜节位前所发生的子蔓应全部摘除，坐瓜后一般不整枝。

2）理蔓。瓜蔓长至 50~60 cm 时，应进行理蔓，以"V"字形牵引至畦面，使茎叶分布均匀。

（3）授粉、坐果、疏果。授粉时可采用人工辅助授粉方法授粉，采下当天开放的雄花，撕去花冠将花粉粒均匀地涂抹在当天开放的雌花柱头上。授粉时间可选在上午 6：00—9：00，授粉后应做好授粉日期标记。坐果节位为主蔓的第 3 朵雌花和子蔓的第 2 朵雌花。当幼瓜坐牢后应及时疏果，选留符合品种特性的瓜 1~2 个。

（4）肥水管理。疏果后及时施膨瓜肥，每亩追施三元复合肥或西甜瓜专用配方肥 10 kg，分两次进行，间隔 5~7 天。采用经浸泡后 1：100 倍兑水后浇施或滴灌的施用方法。瓜成熟前 7~10 天停止施用肥水。

6. 病虫害防治

应贯彻"预防为主，综合防治"的植保方针，推广应用绿色防控技术，科学合理地使用化学农药，保证西瓜的安全生产。

7. 采收

采收应根据不同的授粉日期和实际成熟度来定。一般小果型西瓜果实发育期为 28~30 天，中果型西瓜果实发育期为 30~35 天。

三、长季节西瓜大棚栽培技术

1. 品种选择

宜选择"早佳（8424）""抗病 948"等类型品种。

2. 播期

播期宜选在 1 月下旬至 2 月上旬。

3. 培育壮苗

请参照第 71 页"一、春季西瓜大棚栽培技术"培育壮苗。

4. 定植

（1）定植前大田准备

1）田块选择。应选用地下水位低、排灌方便、土质疏松、肥力好、4～5年未种过瓜类的水稻田块。

2）耕翻。秋季水稻收获后即行翻耕，翻耕深度30～40 cm，定植前20～30天，将土壤冬捣1～2次。

3）施基肥。一次性全耕层施足基肥，每亩施腐熟菜饼肥200～300 kg，或商品有机肥500～1 000 kg，再加三元复合肥或西甜瓜专用配方肥20～25 kg。

4）搭棚覆膜。在定植前一个月搭好大棚，大棚长度不超过50 m。棚宽要求钢管棚7 m，竹片大棚6.4 m，大棚高度不低于2 m。钢管棚钢管间隔0.9 m，竹片棚架每档间隔1.0 m。大棚膜选用0.08～0.1 mm多功能长寿无滴膜。

5）开好沟系。结合大棚覆膜压土，开好棚与棚之间的出水沟，沟宽、深各30 cm；大棚两端排水沟，沟宽、深各40 cm；排水沟与大明沟相通，大明沟宽50 cm、深50 cm以上，且与河道相通。

6）整地做畦。棚内做成二畦，中间操作沟宽30 cm、深20 cm（平底），畦面做成中间高、两边低的龟背形。做畦后，调节好土壤的干湿度，铺好滴灌带，覆盖好地膜。

7）滴灌管网（带）铺设。在瓜苗定植前7～10天，在已做好的龟背形畦面上铺上滴管，每畦铺设1～2条滴灌带，滴灌带距瓜苗定植行距离30～50 cm，滴灌带末端密封，另一端与畦头灌溉主管道用三通阀门连接。畦面滴灌带每隔60 cm用小竹片或铅丝弯成半圆形固定，固定处要留有适当空间，以免影响滴灌带水分输送。灌溉主管道进水口处一端与文丘里施肥器、抽水泵出水口相接。

8）地膜覆盖。铺设滴灌管网后，进行地膜覆盖。注意地膜与滴灌带重合处，压紧压实地膜，使地膜尽量贴近滴灌带。

（2）定植时期。定植以秧龄、叶龄、大棚内10 cm深地温稳定在12 ℃以上为依据，一般在2月下旬。抢晴天连续作业，大小苗分开定植。

（3）栽植密度。每亩栽500～550株。

（4）定植方法。瓜苗定植在畦的中间。先按株距破膜挖好苗穴，然后将苗钵放入，钵的四周及底部应用细土填实，然后视土壤干湿度浇好活棵水，水温保持12～15 ℃。破开的膜应围绕秧苗基部四周铺平，并盖土封口，盖好小环棚膜。

5. 定植后管理

（1）覆膜。采用四膜覆盖。定植结束后，立即搭建二层环棚（小环棚和中环棚），小环棚高60 cm，中环棚高80 cm，随即盖好棚膜。

（2）温度管理。栽后一周内密闭不通风，白天棚内气温控制在 25～30 ℃，夜间保持在 10 ℃ 以上。缓苗期后，小环棚可适度揭膜通风，使棚温控制在白天 28～32 ℃，夜温不低于 10 ℃。随着气温的逐步回升，增加通风量，控制棚温最高不超过 35 ℃。当外界最低气温稳定在 15 ℃ 以上时，可分次撤去小环棚、中环棚。棚温超过 35 ℃ 时，在背风处开启通风口。瓜蔓伸长至坐果节位时，通风换气降温促坐果，白天棚温控制在 25～28 ℃。果实膨大阶段，棚温白天控制在 30～35 ℃，夜间不低于 18 ℃。

二茬瓜采收后，进入高温季节，此阶段要加强通风降温。竹片大棚除大棚两头打开外，两侧要增开多个通风口；管棚可将两边摇杆摇起。

（3）除草

1）时间。定植后，当田间大部分杂草发芽并有少量已顶出土层时，应进行除草。

2）选用药剂。每亩用 41% 草甘膦水剂兑水 100 mL，定向喷施。

3）操作要求。在喷药前，把平铺的地膜撩起并盖在简易小棚上面，喷药结束通风后，铺平地膜。瓜秧根基部周围的杂草应人工拔除。

（4）整枝留蔓。采用三蔓整枝方法，留一主蔓两子蔓。待主蔓长至 20 cm 时，选留 2 根长势基本一致的健壮子蔓。留果节位前生出的其余子蔓应全部去除；坐果后一般不再整枝。

第二茬瓜后适度剪除过多的子蔓。

（5）授粉、坐果、疏果

1）授粉。授粉时可采用人工辅助授粉方法授粉，采下当天开放的雄花，撕去花冠将花粉粒均匀地涂抹在当天开放的雌花柱头上。授粉时间可选在晴天上午 7：00—9：00，阴天 8：00—10：00。授粉后应做好授粉日期标记。

2）坐果、疏果。坐果节位为主蔓的第 2～3 朵雌花，子蔓的第 1～2 朵雌花。幼果长至鸡蛋大小时应进行疏果，选留符合该品种特性的幼果，疏去病果、畸形果及过多的幼果，每株留果 1～2 个。在第一茬瓜停止膨大后，在另外未结瓜的蔓上结第二茬瓜，每株留 1 瓜。以后可在新出生的子蔓上结瓜，挑选子房大且饱满的雌花进行授粉，适当留果。

（6）肥水管理。已施足基肥的地块，坐果前一般不需要补充肥水，当幼果长至鸡蛋大小时，视瓜苗长势，适当追施膨瓜肥。每亩追施三元复合肥或西甜瓜专用配方肥 15～20 kg，分两次进行，间隔 7～10 天。

第二茬瓜的肥水管理同第一茬瓜，以后几茬瓜的肥水管理采用薄肥勤施的方法。一般 7～10 天一次，每次每亩追施三元复合肥或西甜瓜专用配方肥 5～10 kg。

施肥宜在晚上或早晨进行，可采用经浸泡后 1：100 倍兑水后滴灌的施用方法。瓜成熟前 10 天停止施用肥水。

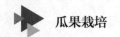

6. 病虫害防治

应贯彻"预防为主，综合防治"的植保方针，推广应用绿色防控技术，科学合理地使用化学农药，保证西瓜的安全生产。

7. 采收

采收应根据不同的授粉日期和实际成熟度来定。采收宜在上午进行。

学习单元 **4**

嫁接栽培技术

　　瓜类的嫁接栽培始于 20 世纪 20 年代的日本。1927 年日本部分地区开始推广西瓜嫁接栽培以预防枯萎病，至 1939 年已确定了子叶期嫁接的技术。据资料介绍，目前日本西瓜栽培中应用嫁接技术的占西瓜总面积的 95%，而甜瓜为 60%。我国自 20 世纪 70 年代开始，也开展了西瓜嫁接的研究应用，至 20 世纪 80 年代末期，已有很多地区大面积推广应用。

　　近年来，随着西瓜栽培面积的扩大，特别是大棚等保护地栽培面积逐年增加，土壤带菌量也不可避免地增加。在一些西瓜主产区，轮作的年限也越来越短，故枯萎病对西瓜生产的威胁也越来越大，而嫁接换根是当前预防西瓜枯萎病行之有效的办法。

一、西瓜嫁接栽培的作用

1. 预防西瓜枯萎病

　　枯萎病是为害瓜类作物的一种较为普遍的病害。病原菌的菌丝体、厚垣孢子和菌核在土壤及病株残体上过冬，生命力很强，可在土壤中存活 5～6 年，有的还可存活更长时间，至今尚无有效药剂可以防治。例如，上海郊区长期以来以轮作来预防枯萎病以及其他病害，但在栽培面积较大的主产区，如南汇东部地区，由于土地轮换周期短，土壤内枯萎病病原菌的含量高，即使实行了轮作，发病率仍然很高，轻者造成减产，

重者可全部失收。因此，选择对西瓜枯萎病有抗性或免疫力的瓜类作物与西瓜进行嫁接，达到抗病以至免疫的目的，已成为西瓜嫁接栽培的主要目的。

2. 增加产量

由于嫁接西瓜根系较西瓜的发达，吸肥能力强，故地面上部生长量加大，同化效率提高，植株生长健壮，因而西瓜的产量有不同程度的增加。湖南省农业科学研究院园艺研究所 1975—1976 年的试验结果表明，嫁接西瓜不仅坐果率高，果型增大，而且单瓜明显增重，两年分别增产 28.8% 和 38.7%。

3. 增强耐寒性，促进早熟

西瓜生长发育适宜的温度为（25±7）℃，长三角地区西瓜主要是春播夏收，由于早春气温回升慢，低温阴雨天气多，故影响了西瓜的生长发育。而嫁接苗耐寒能力有一定程度的提高，因而可以在较低的温度条件下正常生长。据观察，在 16～18 ℃条件下嫁接苗还能正常生长，而未经嫁接的西瓜苗则停止发育。湖南省农业科学研究院园艺研究所多年的试验结果表明，在同期栽培条件下，以葫芦作砧木的嫁接苗比自根西瓜苗雌花的开花盛期提早 5 天左右，果实采收上市期可提前 5～7 天，因此嫁接是西瓜大棚等保护地早熟栽培的重要措施之一。

4. 增强根系，节约肥料

西瓜苗期根系较弱，根的再生能力差，而与葫芦嫁接以后，砧木的根系庞大，再生能力强，根系生长良好，从而加速了地上部生长，使营养体苗壮生长。因此，西瓜嫁接栽培后，可以适当减少基肥的施用量，以葫芦作砧木的嫁接苗较自根苗用肥量一般减少 20%～30%。

二、砧木的选择

1. 砧木的选择原则

应选择具备高抗瓜类枯萎病、与接穗亲和力强、嫁接成活率高、定植后能顺利生长和结果且对果实品质无不良影响的砧木品种。

2. 常用砧木介绍

葫芦、南瓜、冬瓜、丝瓜、金瓜、野生西瓜等都可作西瓜嫁接栽培的砧木。但南瓜作砧木嫁接，会使西瓜果皮增厚，纤维较粗，果肉较硬，有的还有异味；冬瓜作砧木，会使西瓜果肉软绵且品质较差。据各地资料报道，一般认为葫芦作砧木，不会影响西瓜果实的甜度、质地、色泽、口感、风味等。

目前，生产中常用的西瓜砧木品种有长瓠瓜、圆葫芦、长颈葫芦、相生、新土佐、勇士、超丰、华砧一号、华砧二号、将军、西域一号和西域二号等。

三、嫁接方法

嫁接方法直接影响嫁接的成活率和工作效率。在西瓜大面积生产中，需要简易而有效的嫁接方法。国内外采用的嫁接方法很多，主要有插接、靠接、劈接、断根接、芯长接和二段接等。我国主要采用插接、靠接和劈接，其中插接（又称顶插接）最为简单、易于操作，是目前我国西瓜生产主要推广应用的一种方法。现将顶插接法和靠接法简述如下。

1. 顶插接法

（1）砧木和接穗播种时间。嫁接苗因有一个嫁接伤口的愈合过程，所以苗龄比常规苗要长，一般苗龄 35~45 天，其中砧木播种到嫁接 15~20 天，嫁接到定植 20~25 天，所以嫁接苗要比常规苗提早 10~15 天育苗。例如，上海地区一般春季大棚早熟栽培砧木的播种时间在 1 月 10—15 日，而接穗西瓜应在砧木播种 1 周后立即开始浸种催芽播种，待西瓜苗子叶展开即为嫁接适期，其适宜嫁接天数在正常温度条件下可维持 8~10 天。

为了方便嫁接，可将西瓜子播于抛秧水稻的塑盘内育苗。可先将营养土过筛后装入塑盘孔中，将催好芽的种子每孔 1 粒平放，芽脚向下，接着用喷雾机喷透水，再覆盖经消毒的盖子泥，然后放入电加温苗床进行保温培育小苗，育苗棚内温度白天控制在 28~30 ℃，晚上在 20~22 ℃。待瓜苗出土，子叶展开时，即可进行嫁接。

（2）嫁接的操作步骤。嫁接使用的工具是一根竹签，一把刀片。嫁接时先将砧木生长点去掉，用左手食指与拇指轻轻夹住砧木的子叶节，右手持小竹签在平行于子叶的方向斜向插入，即从食指处向拇指方向插，以竹签的尖端正好到达拇指处为宜，竹签暂不拔出。接着将西瓜苗垂直于子叶方向，朝向下约 1 cm 处的胚轴斜削一刀，使削面成为长 1~1.5 cm 的大斜面，而另一面只需去掉一薄层表皮，使之成为小斜面。然后拔出插在砧木内的竹签，立即将削好的西瓜接穗插入砧木，使大斜面向下与砧木插口的斜面紧密相接即可。插接方法简单，只要砧木苗下胚轴粗壮，接穗插入较深，成活率就高，又不需捆绑及解绑，故工效高，技术熟练者每人每天可嫁接 1 500~2 000 株。

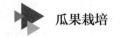

2. 靠接法

靠接法采用大小相近的砧木和接穗，在砧木下胚轴上端靠近子叶节的部位，用刀片作 45° 角向下斜削一刀，深及胚轴的 2/5 ~ 1/2，长约 1 cm。然后在接穗的相应部位向上斜削一刀，深及胚轴的 1/2 ~ 2/3，长约 1 cm。将砧木和接穗的切口相互嵌合，再捆扎或用专用的塑料小夹夹住即可。接完后立即把苗栽入营养钵。栽法是在钵的栽植孔中加满水，用左手握住嫁接苗接口部位，把苗放入穴中，使砧木和接穗的下胚轴基部相互离开 1 ~ 2 cm，以便成活后切除接穗根部。接口应距土面 3 ~ 4 cm，以避免接穗发生自生根。位置放正后，以右手抓土装满栽植孔。用此法嫁接时，接穗的播期应较砧木提前 5 ~ 10 天，都播种在疏松土壤中，接后 7 天待伤口愈合后，即应及时切除接穗根部，切口位置应紧靠接口下部。嫁接后 10 ~ 15 天可完全愈合，及时去除捆扎或塑料小夹。此法工作效率较低，也不适宜推广。

四、嫁接后的苗床管理

嫁接后的苗床管理是确保嫁接苗成活率的重要环节。在西瓜嫁接苗成活期间，要求在保温、保湿、遮光的封闭苗床内进行培养，以促进接口愈合，使砧木与接穗的维管束完全相互接通。一般只要有一半的维管束接通，嫁接苗即可正常生长发育。若只有 1/4 的维管束接通，则嫁接苗需较长的时间才能恢复正常，甚至不能正常生长发育。嫁接的成活率虽然与砧木的种类、嫁接技术的熟练程度有关，但更为重要的是嫁接后的管理。若管理不当，即使嫁接技术再好，成活率也会很低。因此，苗床内温度、湿度和光照等的管理是嫁接能否成功的关键。

1. 温度管理

嫁接苗伤口愈合的适宜温度是 22 ~ 25 ℃。通常刚刚嫁接的苗，环境温度白天应保持在 25 ~ 26 ℃，夜间应保持在 22 ~ 24 ℃。为了避免瓜苗徒长，6 ~ 7 天后应增加通风时间和次数，适当降低温度，白天保持在 22 ~ 24 ℃，夜间保持在 18 ~ 20 ℃，定植前 1 周应逐步炼苗，以利于提高嫁接苗的抗寒能力，并使之逐步适应定植后的大田环境。

2. 湿度管理

嫁接苗在愈合以前，接穗的供水全靠砧木与接穗间的细胞渗透，其量甚微，如果苗床空气湿度小，蒸发量大，接穗易失水凋萎，从而严重影响接穗成活率。所以苗床空气相对湿度保持在大于 95%，才能保持接穗细胞的紧张度，使叶片挺直舒展，不萎蔫。苗床的薄膜上附着水珠是湿度合适的表现。如发现棚内接穗出现萎蔫，要及时向棚内空气中喷水。在育苗阶段，要有专人负责，经常检查苗床的湿度，发现异常情况要及时处理。

3. 光照管理

嫁接苗要经过 7～10 天的遮光处理。前 3 天要遮住全部阳光，但仍要保持小环棚内有散射亮光，一般可在清晨太阳出来前或傍晚太阳下山后的一段时间，揭去覆盖物，让苗接受弱光，避免砧木因光饥饿而黄化，继而引起疫病的暴发。3 天后，可逐渐增加早晚斜射阳光，接穗心叶长出则表示嫁接苗即将成活，可逐渐减少遮光时间。7 天后可揭去覆盖的地膜，若发现子叶疲软，可每小时向空气中喷 1 次水，保持子叶挺直，若接穗不发生疲软可以不喷水。10 天后可全部揭去覆盖物。接穗第 1 片真叶全部长出，表示嫁接苗已成活，可以进入常规管理。

4. 通风换气

瓜苗嫁接后，要注意保湿与通风换气的关系。如不通风换气，会导致病害发生，但通风不当，则会引起接穗失水萎蔫。比较好的办法是在嫁接后覆盖的新地膜上打上间距 20 cm×20 cm、直径 0.8 cm 的孔（可用香烟头烫），早晚可揭去小环棚塑料地膜上的遮阳覆盖物，使棚内外自然换气。

5. 嫁接苗处理

砧木子叶间长出的腋芽要及时抹除，以免影响接穗生长，但又不可伤及砧木子叶。即使是亲和力最好的嫁接苗，若砧木子叶受损，前期生长受阻，就会影响后期开花坐果，严重时还会形成僵苗。

五、西瓜嫁接栽培的管理要点

西瓜嫁接后因受砧木根系的影响，生育及生理特性有所改变，应采用相应的栽培技术发挥嫁接栽培的效应。

1. 减少施肥

嫁接苗由于根系发达，吸肥力强，如基肥和追肥过量，植株易生长过旺，会影响雌花的出现，延迟坐果。故应适当减少基肥及苗期追肥的用量，一般可比自根苗栽培减少 20%～30%，坐果后应根据植株的长势灵活施用膨瓜肥。

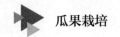

2. 降低密度

嫁接苗较自根苗长势旺盛，主蔓较长，侧枝萌发快，因此嫁接栽培的种植密度应适当降低，并及时整枝。一般采用留 3~4 蔓的整枝方式，不宜放任生长，定植密度为每亩 300~400 株。

3. 修整砧木

嫁接苗移栽后，随着瓜苗的生长，部分植株还会萌生砧木腋芽，故需要经常检查，发现后应及时去除，同时砧木的两片子叶可在瓜蔓出蔓后用刀片或剪刀去掉，以免影响接穗的生长和果实的品质。

4. 适时采收

嫁接西瓜必须充分成熟后才能采收，以保证商品质量，如采摘六七成熟的瓜，则果皮较厚，质地较硬，只有采摘九成以上熟的瓜，品质才能与自根苗栽培的西瓜相似。

一体化鉴定模拟试题

【试题一】西瓜的双蔓整枝及压蔓（考核时间：25 min）

1. 操作条件

（1）1个标准大棚操作场地。

（2）剪刀、小型喷雾机等实物。

（3）1 m 左右的西瓜植株 60 株。

2. 操作内容

（1）挑选 1 个主蔓、1 个子蔓，留作结瓜蔓，其余的侧枝剪去。

（2）把结瓜蔓向大棚边引蔓，并用土块压住。

（3）2 条留瓜蔓（1 个主蔓、1 个子蔓）上的子蔓或孙蔓也抹去。

（4）整枝后用杀菌剂喷施防病。

3. 操作要求

（1）除了留主蔓外，留下最粗大的子蔓（结瓜蔓）。

（2）抹去结瓜蔓上的所有侧枝。

（3）可用消毒过的剪刀剪去过大的侧枝。

（4）用土块压蔓时，应小心操作，不要碰伤瓜蔓。

4. 评分项目及标准

序号	评价要素	考核要求	配分	等级	评分细则
1	整枝方法	除留主蔓外，还需留下 1 条最粗大的子蔓，抹去结瓜蔓上的所有侧枝，压蔓方向正确	15	A	操作正确，符合要求
				B	90% 及以上操作符合要求，但未达到 100%
				C	60% 及以上操作符合要求，但未达到 90%
				D	30% 及以上操作符合要求，但未达到 60%
				E	操作符合要求的不足 30%，并损坏植株
2	熟练程度	在规定的时间内完成全部整枝压蔓操作	10	A	全部完成
				B	完成 80% 及以上，但未全部完成
				C	完成 60% 及以上，但未达到 80%
				D	完成 30% 及以上，但未达到 60%
				E	完成不足 30%

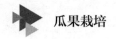

续表

序号	评价要素	考核要求	配分	等级	评分细则
3	文明操作与安全	操作规范、安全、文明，场地整洁	5	A	操作规范，场地整洁，操作工具摆放安全
				B	操作规范，场地较整洁，操作工具摆放安全
				C	操作规范，场地部分不整洁，操作工具摆放安全
				D	操作规范，场地部分不整洁，操作工具摆放不安全
				E	操作不文明，场地没清理
合计配分			30	合计得分	

等级	A（优）	B（良）	C（及格）	D（较差）	E（差或缺考）
比值	1.0	0.8	0.6	0.2	0

"评价要素"得分 = 配分 × 等级比值

【试题二】西瓜嫁接技术 1（顶插接法）（考核时间：25 min）

1. 操作条件

（1）100 m^2 左右的操作场地。

（2）已育好的接穗和砧木各 20 株。

（3）嫁接用品：嫁接小刀、嫁接夹子、嫁接竹签。

（4）搭建好的塑料薄膜、小拱棚、遮阳网等。

（5）放置实物或标本的操作台若干。

2. 操作内容

（1）接穗和砧木的鉴别。

（2）接穗和砧木嫁接的方法与步骤。

（3）嫁接后嫁接苗的合理放置。

（4）完成 12 株嫁接苗。

（5）文明操作。

3. 操作要求

（1）在规定的时间内完成 12 株嫁接苗。

（2）嫁接方法规范正确，操作文明、安全，操作场地干净整洁。

4. 评分项目及标准

序号	评价要素	考核要求	配分	等级	评分细则
1	鉴别	接穗和砧木的鉴别	6	A	正确鉴别
				B	基本能鉴别
				C	经提示能鉴别
				D	—
				E	鉴别错误
2	嫁接方法	砧木生长点完全去除，嫁接针插入砧木的深度要符合要求，接穗插入砧木后不能摇晃	10	A	技术完全符合要求
				B	技术基本符合要求
				C	嫁接损苗在20%以下
				D	嫁接损苗在20%及以上，但未超过50%
				E	嫁接方法错误
3	放置	嫁接苗放置在湿润、遮阳、保湿的拱棚内	4	A	符合要求
				B	—
				C	基本符合要求
				D	不完全符合要求
				E	完全不符合要求
4	熟练程度	在规定的时间内完成嫁接苗数量	5	A	全部完成
				B	完成80%及以上，但未全部完成
				C	完成60%及以上，但未达到80%
				D	完成30%及以上，但未达到60%
				E	完成不足30%
5	文明操作与安全	操作规范、安全、文明，场地整洁	5	A	操作规范，场地整洁，操作工具摆放安全
				B	操作规范，场地较整洁，操作工具摆放安全
				C	操作规范，场地部分不整洁，操作工具摆放安全
				D	操作规范，场地部分不整洁，操作工具摆放不安全
				E	操作不文明，场地没清理
合计配分			30	合计得分	

等级	A（优）	B（良）	C（及格）	D（较差）	E（差或缺考）
比值	1.0	0.8	0.6	0.2	0

"评价要素"得分＝配分 × 等级比值

培训任务三

甜瓜栽培技术

引导语

　　甜瓜作为世界上的重要水果，在我国的南北各地均有广泛种植，其中新疆、甘肃等西北地区是哈密瓜、白兰瓜等厚皮甜瓜的老产区，而东部广大地区则是薄皮甜瓜的传统产区。由于厚皮甜瓜的品质风味特优，自20世纪80年代起，上海农业科技人员在设施栽培的条件下率先开展了厚皮甜瓜的引种和种植试验工作，并获得了成功。近年来，科技人员加大了与洋香瓜、脆肉型哈密瓜和网纹甜瓜等厚皮甜瓜品种相配套的大棚等设施栽培技术研发力度，包括育苗壮苗、环境调控、肥水运筹、植株调整、采收和商品化等技术的研究、示范推广，从而有力地促进了东部经济发达地区厚皮甜瓜保护地生产的发展，满足了市场对厚皮甜瓜日益增长的需要。本培训任务将着重介绍目前我国甜瓜保护地生产的栽培方式，以及长三角地区厚皮甜瓜保护地栽培的两种主要栽培技术（春季甜瓜大棚栽培技术和秋季甜瓜大棚栽培技术）。

学习单元 ①

甜瓜的主要栽培方式

一、大棚栽培

通常把以竹、木、水泥或钢管等材质的杆件作骨架，在表面覆盖塑料薄膜的大型保护地栽培设施称为塑料大（中）棚。全国各地常见的大（中）棚高度一般为 1.5 ~ 3 m，棚宽有 4 m、5 m、6 m、8 m、10 m、12 m 等多种。利用大（中）棚栽培的甜瓜，可比露地栽培提前 1 个多月成熟，比小环棚栽培提早 15 ~ 20 天成熟。大（中）棚栽培是我国内地栽培厚皮甜瓜的重要栽培方式之一。

目前栽培甜瓜采用的圆拱形塑料大（中）棚，按建造材料分主要有竹木结构、水泥结构和钢管结构等类型。

1. 竹木结构

竹木结构的塑料大（中）棚建造成本低，但竹木经长期暴晒、雨淋后，强度急剧下降，极易遭风雪灾害损坏，使用寿命一般为 3 年左右。经济条件比较差和刚起步发展大（中）棚栽培的地区，可选择这种结构形式。

2. 水泥结构

水泥结构的塑料大（中）棚是用以水泥为基材，以钢筋作增强材料的钢筋混凝土预制棚架构件建造的，使用寿命一般较长。但水泥基材的杆件比钢管重得多，长途搬运容易断裂，因而只适合在一定区域内就地制造，就地发展。

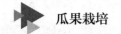

3. 钢管结构

钢管结构的塑料大（中）棚以镀锌薄壁钢管为主要原料，具有强度高、用钢少、抗锈蚀、透光率高、棚膜固定方便可靠和建造安装简便、省工等优点。目前，这种塑料大棚已在全国范围推广。

二、小环棚双膜覆盖栽培

通常把高度小于 1.5 m 的圆拱形骨架上覆盖塑料薄膜的保护地栽培设施称为小环棚。小环棚与塑料大棚的主要区别是人一般不能在棚内直立进行农事操作，管理作业一般须揭开薄膜进行。在设施上，小环棚是随用随建，不是永久性设施。

由于小环棚有结构简单、投资少（设施投资仅是大棚的 1/10～1/5）和使用管理方便等优点，所以小环棚甜瓜的栽培面积远远超过大棚，即使是在设施栽培发达的日本，小环棚栽培面积仍是大棚的两倍。

学习单元 ②

甜瓜的主要栽培技术

甜瓜特别是厚皮甜瓜，其栽培方式主要可分为春季大棚栽培和秋季大棚栽培两种。

一、春季甜瓜大棚栽培技术

1. 品种选择

宜选择"玉姑""西薄洛托""蜜天下"等品种。

2. 播期

播期宜选在 12 月下旬至 1 月上旬。

3. 育苗

（1）营养土配制。营养土应按床土 90%、商品有机肥 10% 比例，再按每亩大田用苗所需营养土中加硫酸钾型三元复合肥（N∶P_2O_5∶K_2O=15∶15∶15，下同）或西甜瓜专用配方肥（N∶P_2O_5∶K_2O=15∶10∶17，下同）1.0 kg 要求配制。床土宜选择肥沃、疏松、3~4 年未种过葫芦科和茄果类作物的水稻田表土。应在使用前 1~2 个月将各材料混合均匀，堆制、过筛后备用。

（2）营养土消毒和制钵。播种前 7~10 天应对营养土进行消毒。营养钵可选用高度和直径均为 8~10 cm 的泥钵或塑料钵。

（3）苗床的设置。采用电加热温床育苗方法，其步骤如下：

1）苗床建造。在大棚内的畦面上做一水平地面，即平整床底，其上铺一层薄的稻草或砻糠，作为隔热层（厚度为 1~2 cm）。

2）苗床布线。布线时选用长 120 m、功率 1 000 W 或者长 100 m、功率 800 W 的电加温线。布线时苗床两侧宜布得稍密些，两线间距为 6~8 cm，中间稍稀些，两线间距为 8~10 cm。在床两端应按要求插入小木棒，其间来回布线，线应拉紧不松动，线与线不能重叠、交叉、打结。需用多根电加热线时，则各根电加温线的引线要引向同侧，在单相电路中并联后与电源相接。

（4）营养钵摆放。营养钵应在布线后的电加热线上按梅花形摆放，苗钵放满苗床后，苗床四周宜用土封住。

（5）种子处理

1）晒种。播种前选晴天晒种 2 天。

2）浸种。将种子放入 55 ℃温水中，搅拌 15 min，然后让其自然冷却并浸种 4~6 h，最后洗净种子表面黏液。

3）催芽。催芽方法一般有恒温箱催芽法和人体催芽法。

①恒温箱催芽法。这种方法即采用具有自动控温装置的恒温箱进行催芽。先将恒温箱温度设定在 28~30 ℃，打开电源通电加热并使箱内温度稳定；然后将湿毛巾放在浅盘等容器上，再把种子均匀地平摊在湿纱布或湿毛巾上，上面盖 1~3 层湿纱布；最后将浅盘放入恒温箱中进行催芽。催芽至大部分种子露白。

②人体催芽法。这种方法即将种子用湿纱布包好，装入两层塑料袋内（塑料袋应完整无损），扎好袋口，放在贴身衣服的外面。催芽至大部分种子露白。

（6）播种。播种前钵体要浇透水，每钵播一粒种子，种子平放，胚根向下，然后均匀覆上厚约 1 cm 经消毒处理过的细营养土。播种后钵体上面覆盖一层塑料薄膜，然后搭小环棚盖薄膜保温。待秧苗 50% 拱土时揭去塑料薄膜。如出现种壳"戴帽"现象，可在清晨露水未干时人工摘除。

（7）苗床管理

1）温度管理。可采用"二高二低"变温管理方法对苗床进行温度管理。播种后至出苗前的床温应保持白天 28~32 ℃，夜间 18~20 ℃；出苗后至第一片真叶展开期间的床温应保持白天 24~25 ℃，夜间 15~16 ℃；第一片真叶展开后床温应保持白天 30~32 ℃，夜间 18~20 ℃；第三片真叶出现至移栽前 3 天，适当增加通风，降低床温。

2）水分管理。出苗后至第一片真叶出现期间严格控制水分。第一片真叶出现后到第三片真叶出现前，视苗床钵体的干湿程度于晴天的中午前后进行适量浇水，浇后待植株表面和土表水分蒸发、水渍收干后再盖塑料薄膜。

3）通风和光照管理。育苗应采用新的塑料薄膜。齐苗后在床温许可的范围内，应尽量揭开小环棚塑料薄膜，增加通风，降低苗床空气湿度。遇阴雨天，在中午前后也要进行短时间的通风降湿、增加光照。

（8）壮苗的主要特征。壮苗的形态特征是子叶完整，下胚轴粗壮，真叶叶片厚，叶色浓绿，根系发育好、无损伤。从数量指标来看，秧龄 30 ~ 35 天，叶龄 3 叶 ~ 3 叶 1 心，苗高不超过 10 cm。

4. 定植

（1）定植前大田准备

1）田块选择。应选用地下水位低、排灌方便、土质疏松、肥力好、3 年以上未种过瓜类的水稻田块。

2）耕翻。秋季水稻收获后即行翻耕，翻耕深度 25 ~ 30 cm。定植前 20 ~ 30 天，将土壤冬捣 1 ~ 2 次。

3）施基肥。一次性全耕层施足基肥，一般每亩施腐熟菜饼肥 150 ~ 200 kg，或商品有机肥 400 ~ 500 kg、三元复合肥或西甜瓜专用配方肥 60 kg。

4）开沟、做畦。定植前应开好配套沟系。棚与棚之间的出水沟，沟深 30 cm；大棚两端的排水沟，沟深 40 cm；排水沟与大明沟相通，大明沟深 50 cm 以上，且与河道相通；棚内操作沟宽 30 cm、深 20 cm。

一般大棚内做两畦，畦高 25 ~ 30 cm，畦面呈龟背形。

5）搭棚和覆膜。应在定植前 15 ~ 20 天，搭好大棚、盖好膜。

棚型结构为四层多功能膜覆盖的大棚，大棚膜选用 0.08 ~ 0.1 mm 长寿无滴膜，中环棚膜厚 0.03 ~ 0.04 mm；小环棚膜厚 0.015 ~ 0.02 mm；地膜厚 0.01 ~ 0.012 mm，覆盖整个畦面。

（2）定植时期。定植以秧龄、叶龄、大棚内 10 cm 深地温稳定在 10 ℃ 以上为依据，一般在 1 月底至 2 月上旬，抢晴天连续作业，大小苗分开定植。定植宜在晴天的上午 9：00 至下午 2：00 进行。定植前 1 天用杀菌剂对苗床瓜苗进行喷雾防病一次。

（3）栽植密度。每亩栽 550 ~ 600 株。

（4）定植方法。瓜苗定植在畦的中间，大小苗分开定植。定植时先按株距破膜挖好苗穴，然后将苗钵放入，钵的四周及底部应用细土填实，视土壤干湿度浇好活棵水，水温 12 ~ 15 ℃。破开的膜应围绕秧苗基部四周铺平，并盖土封口，覆盖好环棚膜。

5. 定植后管理

（1）温度管理。在瓜苗定植后的缓苗期内一般不通风。活棵后适量通风晒苗，视气候小棚膜白天适当早揭早盖，坐果前大棚温度白天保持在 28～30 ℃，夜间 10 ℃以上。棚温超过 35 ℃时，开棚的两头或背风口通风；阴雨天气，在温度许可情况下可揭除内膜，适当通风；当瓜蔓伸长至坐果节位时，降温促坐果，白天棚温不超过 28 ℃；在果实膨大阶段，增温拉大昼夜温差，棚内温度白天控制在 28～30 ℃，夜间控制在 18～20 ℃。

（2）整枝理蔓

1）整枝。整枝时采用摘心留双蔓整枝法，即在 3 叶 1 心期摘心，子蔓长至 15 cm 时选留两条生长一致的强壮子蔓。随子蔓的生长及孙蔓的出现，保留好结果孙蔓，并尽早摘除非结果孙蔓。整枝应在晴天，必须适时、分次进行。

2）理蔓。瓜蔓长至 50～60 cm 时，要进行理蔓，以 V 字形牵引至畦面，使茎叶分布均匀。

（3）除草

1）时间。定植后，当田间大部分杂草发芽并有少量已顶出土层时应进行除草。

2）选用药剂。每亩用 41% 草甘膦水剂，兑水 100 mL，定向喷施。

3）操作要求。在喷药前，把平铺的地膜撩起并盖在简易小棚上面。喷药结束通风后，铺平地膜，瓜秧根基部周围的杂草应人工拔除。

（4）授粉、坐果、疏果

1）授粉。授粉时可采用人工辅助授粉方法授粉，时间选在晴天上午 7：00—9：00，阴天 8：00—10：00。在早春低温难坐果的情况下，可合理使用"坐果灵"。

2）坐果。第一茬甜瓜坐果节位在 10～12 节，第二茬坐果节位在 18～20 节，坐果孙蔓留 1 叶摘心。子蔓在 28 节打顶。

3）疏果。当幼果长至鸡蛋大小时应及时进行疏果，选留符合本品种特性的瓜，并疏去歪瓜、病瓜，每蔓留 1 瓜。

6. 肥水管理

已施足基肥的地块，一般坐瓜前可不施追肥，疏果后视瓜苗长势及时追施膨瓜肥。每亩追施三元复合肥或西甜瓜专用配方肥 10～15 kg，分 2 次进行，间隔 10～12 天。采用经浸泡后 1：100 倍兑水后浇施或滴灌的施用方法。瓜成熟前 10 天停止施用肥水。

7. 病虫害防治

应贯彻"预防为主，综合防治"的植保方针，推广应用绿色防控技术，科学合理地使用化学农药，保证甜瓜的安全生产。

8. 采收

采收应根据不同的授粉日期，并按实际成熟度来定。为方便采收，可采用授粉时做授粉日期标记的方法；也可以看坐果节叶片叶色变化，叶片变黄、枯焦即可采收。

二、秋季甜瓜大棚栽培技术

1. 品种选择

宜选择"东方蜜1号""哈密红""华蜜0526""华蜜1001"等哈密瓜品种。

2. 播期

播期为7月下旬至8月初。

3. 育苗

（1）基质配制。草炭：珍珠岩：蛭石按照4：2：1的体积比均匀混合，同时每立方米加入商品有机肥2～4 kg、硫酸钾型三元复合肥（$N : P_2O_5 : K_2O=15 : 15 : 15$，下同）1 kg，配制好基质备用。

（2）育苗穴盘。使用32孔或50孔穴盘。

（3）苗床的设置。在大棚内的畦面上做一水平地面，并在畦面的四周筑起10 cm高的床边，接着在地面上铺一层地膜，作为苗床。

（4）种子处理。一般只进行晒种、浸种两次处理。也有的不作任何处理，直接干籽播种。

（5）播种。播种前营养钵内基质要浇透水；用手指或筷子在基质中戳一个1.0～1.5 cm深的孔穴，各孔穴的深度尽量一致，一钵播1粒种子；种子播下后，用手指轻撮孔穴四周，覆盖种子，再用手指背部轻压基质，使之稍微紧实，以防出苗时出现"戴帽"现象。播种完成后，用遮阳网覆盖苗床。

（6）苗床管理。夏季育苗时，虽气温较高、空气较为干燥，但因甜瓜本身较喜干燥环境，故对空气的湿度不必过分关注。而此时，因高温、强光照，在中午时段应用遮阳网遮阳降温，但在温度许可的情况下，还应尽量缩短遮阳时间，以延长光照时间，否则在高温弱光情况下，更易引起秧苗徒长。

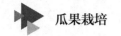

4. 定植

（1）田块选择。应选择灌溉方便、土质疏松、土壤肥力中等、2~3年内未种过瓜类作物的水稻田块。

（2）深翻施肥。立架栽培每亩大田可施商品有机肥800~1 000 kg、三元复合肥或西甜瓜专用配方肥30~40 kg；地爬栽培每亩大田可施商品有机肥400~500 kg、三元复合肥或西甜瓜专用配方肥15~20 kg。

（3）深沟高畦。大棚长度不超过50 m。三沟配套，棚与棚的纵向沟深30 cm，大棚两端横向沟深40 cm，田块四周的出水沟深50 cm以上，棚内操作沟宽30 cm、深20 cm。大棚内做二畦，畦高25~30 cm，畦面呈龟背形。

（4）搭棚与铺地膜。大棚采用二膜覆盖，依次为大棚膜和地膜。大棚膜选用无滴长寿膜，地膜采用黑白双色地膜或银灰地膜，将棚内畦面和操作沟全覆盖。

（5）定植时期。一般在7月下旬至8月10日定植。育苗秧龄要求7~10天，叶龄在1叶至1叶1心期。定植前1天用杀菌剂对苗床瓜苗进行喷雾防病一次。

（6）定植密度

1）地爬式。二蔓整枝的亩栽600株，每亩保持1 200根蔓。

2）立架式。单蔓整枝的亩栽1 000~1 200株。

（7）定植方法。大小苗分开定植，浇好活棵水。定植要选在阴天或晴天的下午4：00后进行。

5. 定植后管理

（1）控制棚温。坐果前注意通风降温，果实成熟期间预防夜间低温伤害。

（2）合理整枝。采用双蔓整枝方法时。当哈密瓜幼苗3~4片真叶时即进行主蔓摘心，子蔓长出后选留两根最健壮的子蔓，其余子蔓全部摘除，逐步形成以两根子蔓为骨干的双蔓整枝方式。

采用单蔓整枝方法时，保留好主蔓和结果枝，摘除其余子蔓，一般于25~28节打顶。

（3）授粉、坐果

1）授粉。授粉时可采用人工辅助授粉方法授粉，时间在上午6：00—10：00。

2）坐果。地爬栽培选取13~15节的孙蔓留瓜；立架栽培选取14~16节的孙蔓留瓜。带有雌花的孙蔓于雌花后留1~2叶及早摘心，无雌花的孙蔓应及早摘除。人工授粉5~7天后，根据各果实的长势及发育情况综合判断留瓜。地爬栽培每蔓留1瓜，立架栽培双蔓留1瓜。

（4）肥水管理。已施足基肥的地块，一般坐果前可不施追肥。幼瓜坐稳后每隔10

天施用膨瓜肥一次，共 2 次，2 次肥料每亩总用量为三元复合肥或西甜瓜专用配方肥 10 ~ 15 kg，采用经浸泡后 1∶100 倍兑水后浇施或滴灌的施用方法。瓜成熟前 10 天停止施用肥水。

6. 病虫害防治

应贯彻"预防为主，综合防治"的植保方针，推广应用绿色防控技术，科学合理地使用化学农药，保证甜瓜的安全生产。

7. 采收

采收应根据不同的授粉日期，并按实际成熟度来定。为方便采收，可采用授粉时做授粉日期标记的方法；也可以看坐果节叶片叶色变化，叶片变黄、枯焦即可采收。

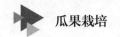

一体化鉴定模拟试题

【试题一】甜瓜春季育苗关键技术（考核时间：25 min）

1. 操作条件

（1）50 m² 左右的育苗操作场地。

（2）育苗用 8 cm×8 cm 营养钵 60 个。

（3）细土、蛭石、腐熟的有机肥等物。

（4）保湿用地膜。

2. 操作内容

（1）按 4∶2∶1 的体积比将细土、蛭石、有机肥等混合成营养土。

（2）把营养土装在营养钵内。

（3）把已装土的营养钵放置在苗床内。

（4）在营养钵中浇透水。

（5）播种，一钵播一颗种子。

（6）播后覆盖营养土。

（7）在营养钵上盖上薄膜。

（8）文明操作。

3. 操作要求

（1）营养钵装营养土须均匀，每个穴孔都应装满，然后压实。

（2）播种盖土后可用手拍实、拍平。

4. 评分项目及标准

序号	评价要素	考核要求	配分	等级	评分细则
1	基质配制	按一定比例将细土、蛭石、有机肥等混合成营养土	10	A	比例正确、拌和均匀
				B	比例基本正确、拌和基本均匀
				C	比例正确、拌和不均匀，或比例不正确、拌和均匀
				D	—
				E	比例不正确、拌和不均匀

续表

序号	评价要素	考核要求	配分	等级	评分细则
2	装钵、浇水	把营养土装在营养钵内，在装好营养土的营养钵中浇透水	8	A	营养土装钵量、浇水完全正确
				B	营养土装钵量、浇水基本正确
				C	营养土装钵量基本正确、浇水不正确
				D	—
				E	营养土装钵量不正确、浇水不正确
3	播种、盖土	一钵播一颗种子，播后覆盖营养土0.5 cm左右，在营养钵上盖上薄膜保温	10	A	覆土、盖膜均正确
				B	覆土、盖膜基本正确
				C	覆土基本正确、盖膜不正确
				D	—
				E	覆土不正确、盖膜不正确
4	文明操作与安全	操作规范、安全、文明，场地整洁	2	A	操作规范，场地整洁，操作工具摆放安全
				B	操作规范，场地较整洁，操作工具摆放安全
				C	操作规范，场地部分不整洁，操作工具摆放安全
				D	操作规范，场地部分不整洁，操作工具摆放不安全
				E	操作不文明，场地没清理
合计配分			30	合计得分	

等级	A（优）	B（良）	C（及格）	D（较差）	E（差或缺考）
比值	1.0	0.8	0.6	0.2	0

"评价要素"得分 = 配分 × 等级比值

【试题二】甜瓜夏季育苗关键技术（考核时间：25 min）

1. 操作条件

（1）50 m² 左右的育苗操作场地。

（2）育苗用50孔穴盘8个。

（3）泥炭土、蛭石、腐熟的有机肥等物。

（4）保湿用地膜。

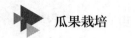

2. 操作内容

（1）按 2∶2∶1 的体积比将泥炭土、蛭石、有机肥等混合成营养土。

（2）把 8 个育苗用穴盘放置在苗床内。

（3）把营养土装在穴盘内并压实。

（4）在装好营养土的穴盘中浇透水。

（5）播种，一穴播一颗种子。

（6）播后覆盖营养土。

（7）在穴盘上盖上薄膜。

（8）文明操作。

3. 操作要求

（1）穴盘装营养土须均匀，每个穴孔都应装满，然后压实。

（2）播种盖土后可用手拍实、拍平。

4. 评分项目及标准

序号	评价要素	考核要求	配分	等级	评分细则
1	基质配制	按一定比例将泥炭土、蛭石、有机肥等混合成营养土	10	A	比例正确、拌和均匀
				B	比例基本正确、拌和基本均匀
				C	比例正确、拌和不均匀，或比例不正确、拌和均匀
				D	—
				E	比例不正确、拌和不均匀
2	装穴盘、浇水	把营养土装在穴盘内并压实，在装好营养土的穴盘中浇透水	8	A	营养土装穴盘量、浇水完全正确
				B	营养土装穴盘量、浇水基本正确
				C	营养土装穴盘量基本正确、浇水不正确
				D	—
				E	营养土装穴盘量不正确、浇水不正确
3	播种、盖土	一穴播一颗种子，播后覆盖营养土 1 cm 左右，浇少量水，在穴盘上盖上薄膜	10	A	覆土、盖膜均正确
				B	覆土、盖膜基本正确
				C	覆土基本正确、盖膜不正确
				D	—
				E	覆土不正确、盖膜不正确

续表

序号	评价要素	考核要求	配分	等级	评分细则
4	文明操作与安全	操作规范、安全、文明，场地整洁	2	A	操作规范，场地整洁，操作工具摆放安全
				B	操作规范，场地较整洁，操作工具摆放安全
				C	操作规范，场地部分不整洁，操作工具摆放安全
				D	操作规范，场地部分不整洁，操作工具摆放不安全
				E	操作不文明，场地没清理
合计配分			30	合计得分	

等级	A（优）	B（良）	C（及格）	D（较差）	E（差或缺考）
比值	1.0	0.8	0.6	0.2	0

"评价要素"得分 = 配分 × 等级比值

【试题三】甜瓜立架栽培整枝技术（考核时间：25 min）

1. 操作条件

（1）一个标准大棚操作场地。

（2）剪刀、绳子和小型喷雾机等物。

（3）1 m 左右的甜瓜植株 40 株。

2. 操作内容

（1）从棚上绳子固定处向下引绳子至植株的畦面上。

（2）把甜瓜植株沿着绳子向上绕蔓和引蔓。

（3）抹去甜瓜的全部子蔓（侧枝）。

（4）整枝后用杀菌剂喷施防病。

3. 操作要求

（1）每节瓜蔓都要绕，且按同一方向缠绕。

（2）每节侧枝都要抹去，整到第 13 节时不要抹，作为留果侧枝。

（3）用消毒过的剪刀剪去过大的侧枝。

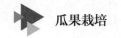

4. 评分项目及标准

序号	评价要素	考核要求	配分	等级	评分细则
1	绕蔓、引蔓	从棚上绳子固定处向下引绳子到植株的畦面上,把甜瓜植株沿着绳子向上绕蔓和引蔓	8	A	操作正确,符合要求
				B	80% 及以上操作符合要求,但未达到 100%
				C	60% 及以上操作符合要求,但未达到 80%
				D	30% 及以上操作符合要求,但未达到 60%
				E	70% 以上操作错误并损坏植株
2	整枝方法	把甜瓜的子蔓(侧枝)全部抹去,整到一定节位停止	12	A	操作正确,符合要求
				B	整枝节位过高或过低不超过 10%
				C	整枝节位过高或过低超过 10%,但未超过 40%
				D	—
				E	整枝节位过高或过低超过 40%
3	熟练程度	在规定的时间内完成绕蔓、整枝苗数量	4	A	全部完成
				B	完成 80% 及以上,但未全部完成
				C	完成 60% 及以上,但未达到 80%
				D	完成 30% 及以上,但未达到 60%
				E	完成不足 30%
4	文明操作与安全	操作规范、安全、文明,场地整洁	6	A	操作规范,场地整洁,操作工具摆放安全
				B	操作规范,场地较整洁,操作工具摆放安全
				C	操作规范,场地部分不整洁,操作工具摆放安全
				D	操作规范,场地部分不整洁,操作工具摆放不安全
				E	操作不文明,场地没清理
	合计配分		30	合计得分	

等级	A(优)	B(良)	C(及格)	D(较差)	E(差或缺考)
比值	1.0	0.8	0.6	0.2	0

"评价要素"得分 = 配分 × 等级比值

培训任务四

草莓栽培技术

引导语

　　草莓适应性广，露地栽培草莓的上市期一般在 4 月下旬至 6 月上旬，此时正值其他鲜果供应的淡季，草莓恰可填补空当，具有广阔的消费市场。如果选择适宜的品种，将地膜覆盖栽培、小环棚栽培、促成栽培和半促成栽培应用于草莓生产，则其果实采收期可提前到定植当年的 12 月甚至 11 月，采收结束期延至第二年 5 月，连续采收上市时间达半年以上，不仅经济效益十分显著，而且对丰富果品市场具有重要作用。本培训任务将着重介绍我国草莓生产的四种主要栽培方式与技术，即露地与地膜栽培、小环棚早熟栽培、促成栽培和半促成栽培。

学习单元 ① 露地与地膜栽培

一、露地与地膜栽培的意义和目标

露地栽培是草莓最基本的栽培方式，目前在我国各地广为应用。起初，露地栽培是在生长季节不加任何保护措施，在露地上直接栽培草莓。近年来，塑料地膜覆盖技术得到大力推广，由于该项栽培技术与露地栽培技术方法基本一致，所以本书将其放在一起介绍。

露地与地膜栽培是在自然条件下进行的，不需要很多人为的保温设施材料，人工少，生产成本低。草莓鲜果上市在4—6月，是其他水果较少的淡季，价格稳定，经济效益很高。此外，露地与地膜栽培以省力多收为目的，一般不必进行特别的假植育苗，可以直接从母株匍匐茎上挖取子苗定植，各项管理作业比较容易，是最容易推广、应用的栽培方式之一。

但是，露地栽培草莓有一个很重要的生理现象容易被种植者所忽视。在生产实践中常可以看到，高产种植户每亩产量在2 000 kg以上，而低产者每亩产量仅为500 kg左右，差异极大。出现这样悬殊的产量差异的重要原因是不少种植者很少注意草莓的休眠特性。进入秋冬季节后，由于温度低、日照短，很自然地会引起草莓植株的自然休眠和被迫休眠。自然休眠一般从10月中下旬开始，由浅休眠逐渐进入深度休眠。一旦进入自然休眠，即使有适宜的温度环境，草莓植株也不能立即恢复正常生长。当经受一定的低温量后，再给予草莓生育所需的适宜温度，草莓植株即能正常生长、开花

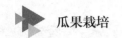

和结果。通常情况下，露地与地膜栽培草莓经过自然休眠以后，还处于冬季低温时期，漫长的冬季迫使植株继续呈现休眠状态，这种现象就是被迫休眠。只有等到春季自然温度回升时，草莓植株才能随之正常开花、结果。

露地栽培的采收期一般是5月上旬至6月上旬，持续时间约1个月。由于栽培面积较大，果实上市过分集中，如何延长鲜果采收期已引起种植户的重视。近年来，采用地膜覆盖栽培比一般露地栽培可提早采收期7~10天，这一措施在各地得到迅速发展。另一项措施是采用晚熟栽培方式，选用深休眠、大果型晚熟品种来延迟上市时期。目前露地与地膜栽培草莓每亩产量一般为750~1 100 kg，高产量地块已经达到2 000 kg以上，今后露地与地膜栽培的高产目标是每亩达到1 600~2 500 kg。此外，露地与地膜栽培不应限于生产果形大、色泽艳、糖度高、香气足的优质鲜食果实，还要充分发挥露地栽培低成本优势，生产适用于不同加工用途的果实，这也是露地草莓生产的必然趋势。

二、露地与地膜栽培方法及技术

1. 培育壮苗

草莓的产量是由花序数、开花数、等级果率、果实大小等因素决定的，它与植株的营养状态和根部的发育状态有密切关系，草莓苗素质对产量起决定性的作用。露地草莓苗必须培育苗龄适中的健壮苗，苗的标准是没有病虫害，具有5~6片正常叶，叶色不浓也不淡，呈鲜艳的绿色，叶柄粗短而不徒长，苗重30 g左右，根茎粗1~1.5 cm，株型矮壮，侧芽少，根须多而粗白。

（1）母株的栽植与管理。草莓的繁殖常采用匍匐茎发生的秧苗，目前生产所需的秧苗主要从更新生产地中获得。6月上旬果实收获后，在原地选取健壮无病的植株作母株，剥掉下部的老叶和枯叶，每平方米留母株1~2棵，把其余植株拔除。选留株一定要经过充分休眠以后才能作母株，保持旺盛的生长。大棚促成栽培的草莓由于没有完全破除休眠，植株矮化，不能用来作母株，否则匍匐茎发生量很少。开花结果会消化植株体内的养分，把收获后的疲劳植株作为母株也不理想。生产中应该选留专用种苗（母株），设置专用苗圃，摘掉全部的花序，这是较理想的育苗方法。草莓的母株如果受到病毒病的感染，则植株矮化，果实变小，生产力低下。如发现有新叶异常现象的母株，应立即拔除，减少再感染。有条件的地方应该引进或培育无病毒苗，将其作为母株，经常更新母株是培育优质苗和实现优质、高产的技术关键。

专用苗圃地以肥沃、疏松、湿度比较稳定的壤土为宜，而且灌水、排水都要方便。

如果苗圃地太干燥，匍匐茎就很难发生。反之，如果苗圃地过于低洼，有积水状况，根系会很快变黑。注意不能在有病虫害特别是线虫等土壤病虫害污染的地块育苗。把水田作为草莓苗圃地，可以减少许多病虫害，而且有利于秧苗生长。

每 1 000 m² 生产地实际用苗约 9 000 棵，需要准备母株 100 棵、苗圃地 75~100 m²。苗圃地最好不要远离假植地与生产用地，这样可以方便子苗假植与定植。

苗圃地要施入充分腐熟的有机质肥料，一般每 1 000 m² 施入猪粪 3 000~4 500 kg，全面撒施后耕翻做畦。一般畦宽 2.2 m，中间一行种植，株距为 40~50 cm，于 3 月中旬前完成栽植。定植时要带土块，少伤根系，及早摘除母株上全部花序。栽植后浇搭根水，促进提早成活。成活后在母株周围早施追肥，做到淡肥勤施。

子苗的繁殖与生育不仅受当年气候条件的影响，也受植株生育规律的影响（见表 4-1）。子苗发生过早，根系容易老化，假植时生长缓慢，在定植时苗的叶数、根系、株重都不及适中苗。如果子苗发生过迟，生长量则很小，产量则较低。因此，生产中一般以 5~6 片展开叶、根茎粗 1~1.5 cm 为标准，再大的为大苗，4~5 片叶、根茎粗 1 cm 为小苗，再小的为弱苗。中苗的产量高于大苗，而大苗的总产量与果数高于小苗，小苗收获期较早，果数少，大果的比例高。大小适中的苗在 9 月初假植的时候为具有 3~4 片展开叶的子苗，其发根时期约在 7 月上旬至 8 月中旬。为了培育大小适中的定植苗，要注意培养 6 月上旬开始发生的匍匐茎。母株定植过早，匍匐茎往往发生早且多，需要摘除 6 月以前的匍匐茎，才能产生较多 9 月初假植的适中苗。早期发生的老苗过多过密，往往会使适期发生的子苗腾空浮在早期苗上，不能着地发根，影响适中苗的发育。

表 4-1　　　　　　　　　　　　发根时期与定植时苗的状况

发根时间	假植时（9 月 10 日）		定植时（10 月 5 日）		
	叶数（片）	单株重（g）	叶数（片）	粗根数（条）	单株重（g）
6 月 1—15 日	3.6	9.0	5.7	35	18.4
6 月 16—30 日	3.7	8.6	5.8	39	18.8
7 月 1—15 日	4.3	8.6	7.0	42	22.1
7 月 16—31 日	3.8	7.9	6.1	33	20.3
8 月 1—15 日	3.6	7.5	5.8	33	19.1
8 月 16—31 日	2.7	3.4	5.8	33	16.5
9 月 1—10 日	2.2	1.9	6.0	33	16.5

母株定植后的管理是草莓苗繁殖过程中极为关键的因素，入春后草莓进入了旺盛生长时期，随之进入夏季高温时期，必须高度重视田间管理。

1）及早摘除母株上全部的花序。随时摘除6月以前的匍匐茎，这样能加速营养生长，培养出适时抽生的匍匐茎。

2）均匀地向四周放置匍匐茎。6月是匍匐茎大量发生的时期，要经常把茎蔓理顺，均匀分布于地表上。

3）注意水的排灌。夏季多干旱、暴雨，既要注意开沟排水，做到田间不积水，又要防止干旱，遇干旱时5~7天灌水一次，但禁止大水漫灌。小面积苗床如能做到每天早晨或傍晚浇水一次，则效果更好。有条件的种植户，如能使用喷灌、滴灌装置，则效果最理想。土壤水分最好能维持在土壤最大持水量的70%左右。

4）适度追肥。草莓夏季施肥不需太多，根据生长情况一般轻施淡肥1~2次，每次每1 000 m² 施尿素或氮磷钾复合化肥15 kg。

5）适当遮阳降温。在较大面积的连片育苗地上间作玉米、高粱、丝瓜等高秆高架植物具有一定的遮阳降温作用，但不宜过密。有条件的育苗户可以搭棚覆盖遮阳网，其效果更好。

6）注意育苗期病虫害的发生规律，及时防治炭疽病、叶斑病、螨类、象鼻虫等苗期主要病虫害。

7）夏季杂草发生很快，要勤除草，以保证匍匐茎抽生和子苗发育有良好的生长环境。

（2）假植育苗与管理。假植育苗就是把母株苗圃中的匍匐茎子苗挖起，重新移植，它的好处是管理方便，使秧苗均匀、整齐，苗的整体素质提高，使多数苗达到定植苗的标准。

假植育苗地要选择排水、灌水方便，土质疏松肥沃的沙壤土，每1 000 m² 撒施充分腐熟的猪粪3 000~6 000 kg，同时施用三元复合肥（N∶P∶K=15∶15∶15，下同）15~22.5 kg，提前半个月施肥、耕翻、做畦。由于高温期容易引起烧根死苗，施肥量不宜过多。畦宽以管理方便为原则，一般以1.5 m为宜。

假植育苗的时期以8月下旬至9月上旬为宜，行株距18 cm×12 cm。以挖取3~4片叶的小苗为宜，假植后容易存活，生育良好。操作时要尽量少伤根系，大小苗分别假植。子苗不能干燥，随挖随植。假植不能太深或太浅，应把根茎植入土中，不能把苗心埋入土中。假植后应立即浇水，白天可用遮阳网等覆盖物遮阴降温5~7 h，每天早晨或傍晚各浇水一次。成活后掀除遮阴物，长期避光会影响生育。

假植苗成活后由于温度适宜，生长速度很快，应及早摘除下位黄叶、病叶，之后要经常保持4~5片展开叶。摘叶可促进根系与根茎增多增粗，发生的腋芽也要立即全部剥除。露地栽培苗要求秧苗花芽分化不要太早，否则很容易在冬季过早出现"不时出蕾"的现象而减产。秧苗最好于10月5—10日进入花芽分化，为此假植育苗期间根系要发达，在 9 月中上旬保持强盛的吸肥能力。这期间两次追肥十分重要，第一次在假植苗成活后的 9 月上旬，第二次在 9 月下旬，每次每 1 000 m² 施入三元复合肥或尿素 12~15 kg，保持草莓秧苗对氮素的正常吸收，两次撒肥后都必须及时浇水。此外，要根据天气情况经常保持假植育苗地土壤湿润，及时除草和防治病虫害。

2. 定植与田间管理

（1）土地准备与定植。露地草莓要选择疏松、肥沃的壤土，要求排灌两便。必须有排灌设备条件，这样会给管理带来便利。草莓不宜多次连作，水旱轮作能减少病虫为害。为了改善土壤，基肥以有机质肥料为主，全层施用，定植前半个月做好准备，每 1 000 m² 撒施充分腐熟的猪粪 4 500~7 500 kg、过磷酸钙 60~75 kg、三元复合肥 37.5~75 kg，耕翻做畦，一般畦宽 100~120 cm（连沟）。北方地区因为雨水少，常采用洼畦或平畦；南方地区因为雨水多，容易发生果实灰霉病，因此要求深沟做高畦，畦高至少 20 cm 以上。单畦 2 行种植时，一般行距 25~28 cm，株距 20~22 cm，每 1 000 m² 栽 8 250~12 000 棵。上海郊区农户也会采用宽畦 4 行种植的栽植方式，畦宽 140~150 cm（连沟），行距 25 cm，株距 20 cm，每 1 000 m² 栽 12 000~15 000 棵。一般单畦 2 行种植的管理、采收较方便。

（2）定植时间与方法。为了使草莓在入冬前具有强盛的根系和粗壮的短缩茎，必须适时定植，不能太迟，因为土温下降到 15 ℃以下时新根发生困难。适当提早定植，能充分利用秋季的有利气候，对定植苗的成活、发根、冬前生长十分有利。在入冬前体内积累较多养分，确保花芽分化，可以提高第二年的产量。如果定植过迟，自然土温很快下降到 15 ℃以下，很难达到冬前发棵的目的。因此，各地可以根据这一特点来选择适宜的定植时间。例如，上海地区以 10 月中下旬以前为宜，这时平均气温在 18 ℃以上。一般北方要提早定植，如山东地区露地栽培的适宜定植时间在 8 月中下旬，南方地区要适当推迟。起苗要少伤根系，最好带土移栽，这样根系多，缓苗期短，成活快。定植苗应按大小分开，大苗行株距可适当放宽。起苗后必须及时定植，切忌栽植过深，也不宜太浅，以短缩茎不外露、土面齐颈部为宜。注意草莓苗的定植方向，将短缩茎的弯弓部分朝向畦沟，花序则统一伸向外侧，这样能使果实受光充足，色泽好，病害轻，管理方便。定植后应充分浇水，经常保持土壤湿润，尽快促进定植苗发根成活。

（3）定植后管理（冬前管理）。定植后至越冬前最好施追肥两次，第一次追肥在定植苗成活后进行，第二次在 11 月中旬至 12 月上旬间施用。追肥可用浓度较小的速效性肥料，每次每 1 000 m² 施三元复合肥或尿素 7.5~12 kg。宝交早生晚期追肥效果不好，在年内要及时早施。生长期间应尽量保持土壤湿润，经常浇水或灌水。及时分次剥掉部分枯、黄、病叶，但不要过分摘叶。定植后植株要保留 1~2 个粗壮的侧芽，可以弥补因顶花芽的"不时出蕾"或"冷害"所造成的花蕾损失。从定植到 11 月中下旬是自然气温适宜、阳光充足的季节。此时地上部与地下部生长发育较快，应加强管理，使越冬前的根茎粗大，根系发达（上海称之为"冬前发"）。这样的越冬苗体内养分积累较多，花芽分化好，为第二年高产、稳产奠定了良好的基础。

（4）越冬期（12 月中旬至 2 月中旬）管理。越冬期是一年中最寒冷的时期，往往伴随寒流而出现干旱。这个时期最主要的工作是严防低温期中的干旱危害，要注意浇透水。

（5）地膜覆盖时间与方法。覆盖地膜可以提高土温，增加湿度，使其生育良好，提早 5~7 天结果，还可以使果实清洁，减少病虫害，提高产品质量。地膜覆盖时间可提早至 12 月末以前。铺膜后即破膜挖出草莓植株，让其舒展生长。铺膜前结合追肥，撒施于行间，轻轻松土。为了防止铺膜后土壤长期干燥，要在土壤较湿润时覆盖。不同颜色的地膜有不同的作用和效果：黑地膜能有效防止杂草，但是黑地膜表面温度高，果实的温度也高，影响果实着色；透明膜地温较高，可促进提早成熟，增加产量，改进品质，但是不能防止杂草；青、绿色膜的效果介于上述两种膜之间。透明膜与黑地膜相比，能提早一周采收上市。各种颜色的地膜对成熟、品质、防止杂草的作用见表 4-2。

表 4-2　　　　　　　　　　　地膜颜色在草莓生产中的作用

	早熟性	防止杂草发生	品质
透明地膜（白）	⊙	×	○
着色地膜（青、绿）	○	○	○
黑地膜	×	⊙	×

　　注：⊙ 效果很好，○ 有效，× 效果不好。

近年来，双层地膜覆盖在草莓生产中得到快速发展。双层地膜覆盖即在严寒季节，在地膜覆盖后马上再在草莓植株上用透明白色地膜作浮面覆盖。在草莓开花前一般不揭膜，可使土壤增温、保湿，加速植株生长。等到春天植株开花后，白天揭去浮面膜，加大通风换气，改善受光条件，夜间覆盖保温，直至夜间最低温度稳定在 5 ℃以上时，不再进行覆盖。这种浮面覆盖实际效果很好，只要管理适当，浮面覆盖的草莓采收上市期一般在 4 月下旬，比普通露地栽培草莓提早 10 天左右上市，是一项值得推广应用的技术措施。

（6）开春后的管理工作。草莓在春季开始进入旺盛生长和开花期，此时的栽培管理直接影响果实的产量和品质，进而影响经济效益。在春季雨水较多的地区，应尽早清理好沟渠，保证地间不积水，但干旱时也要注意灌水。开花结果期植株需吸收较多的养分，最好于3月中下旬和果实膨大期各施追肥1次。追肥方法是在行株间破膜打洞后每次每1 000 m² 施三元复合肥15～22.5 kg，干旱时结合灌水，使肥料迅速溶解。生长过程中应经常摘除黄叶和病叶，以促进新叶抽生，并减少发病概率。应收集老病叶并将其带出地外，减少再感染。及时防治病虫害，重点防治灰霉病。开花结果太多时，往往果实小、质量差，若进行疏花疏果，可以使果实增大，提高质量和效益。一般每花序结果不超过12个，应摘去畸形果和小果。

（7）采收。露地栽培草莓的采收期从4月下旬开始，此时气温已经较高。5月是采收上市的集中时节，由于气温高，鲜果一般不耐储运，需要及时上市销售。为了保持果实的新鲜度，采收要在温度较低的早晨或傍晚进行。如在傍晚采收后，应将草莓放置于凉爽的室内，早晨装盒后送市场出售。草莓果实在采收、装盒、运输、出售过程中容易损坏流汁，要注意改进各个环节，保证果实质量，满足市场需要。最好将果实按大小等级装成各种规格的小盒出售，既让消费者满意，也可提高生产者的经济效益。

小环棚早熟栽培

一、小环棚早熟栽培的意义和目标

小环棚早熟栽培是在露地与地膜覆盖栽培的基础上，利用竹片或其他架材建成拱形小棚架，上面覆盖塑料薄膜或其他透明保温材料，以提高温度、促进生长发育、提早开花结果，是比露地与地膜栽培早采收早上市的一种栽培方式，如图 4-1 所示。

图 4-1　草莓小环棚早熟栽培

小环棚早熟栽培是棚架保护地栽培中最简单的形式之一，设施简便，取材容易，投资较少，经济效益比露地与地膜栽培高。我国最初的草莓生产以露地栽培为主，近年来，在迅速发展地膜栽培的同时，大面积推广小环棚早熟栽培，目前小环棚早熟栽培已成为全国各地非常实用的一种栽培方法。

草莓小环棚栽培的采果期比露地与地膜栽培提早 15 ~ 25 天，可在 4 月中旬开始采果上市。由于开始成熟较早，采收期相对延长，故产量明显提高，全期鲜果产量比露地与地膜栽培增加 20% ~ 30%。因为早上市时鲜果价格高，小环棚早熟栽培比露地与地膜栽培单位面积增加产值 50% 以上。如果扣除棚架与薄膜成本，仍有明显增值效果，一般可增加收入 25% ~ 35%。综合考虑投入与产出，小环棚早熟栽培是较易被农户接受的栽培方式之一。

小环棚早熟栽培也有不利的一面，一是因为小环棚的棚体较小，受自然气候影响大，有一定的风险。白天升温快，棚内气温高，夜间降温快，保温性差，非常容易遭受高温和低温侵害。二是单位面积上建棚数多，温度、湿度管理较麻烦，费工相对较多。三是小环棚温度、湿度的管理还容易被忽视，以至于造成损失，这一点在小环棚早熟栽培中应引起足够注意。只要管理适当，关键措施得力，草莓的小环棚栽培就能够实现早熟且高产。

二、小环棚早熟栽培方法与技术

草莓小环棚早熟栽培中的育苗、定植与定植后的管理等技术与露地栽培基本相同，在此不再重复，请参阅露地栽培的栽培方法与技术。

1. 掌握小环棚塑料薄膜覆盖时间

正确掌握小棚塑料薄膜覆盖时间，能够促使草莓早熟高产，否则，不仅达不到预期目的，反而会造成减产。如果薄膜覆盖保温过早，增温后会使草莓过早现蕾开花，由于早春气温变化大，依靠小环棚薄膜保温有较大的局限性，部分过早花蕾会受到低温的侵袭。尤其是草莓刚开放的小花，对低温特别敏感，一旦遭到低温侵袭，首先是刚开花的花朵花心发黑枯死，当冻害严重时整个花朵与果实都会受冻，严重影响产量。当冻害发生在草莓花序中的顶头花或顶头果时，往往会损失一批果实最大、品质最好的产品，当年产量将大受影响。如果薄膜覆盖保温过迟，则失去了提前开花、提早采收的作用，得不到应有的经济效益。

适时覆盖保温的时间要根据品种休眠特性和生产地的气候条件来决定。一般来说，休眠浅的品种，通过休眠的低温需求量（5 ℃以下的时间）小，薄膜覆盖保温时间宜早；休眠深的品种通过休眠的低温需求量大，保温时间相对延迟。由于全国气候条件非常复杂，差异明显，各地都应因地制宜地使用覆盖保温技术。江苏、浙江、上海等南方地区的覆盖保温合适时间，以主栽品种宝交早生为例，该品种打破自然休眠的低温需求量，大约为 450 h，当地气候条件下，该时间在 1 月中旬至 2 月中旬，而根系开始活动的时间在 2 月中旬至 3 月初。小环棚覆盖的适宜时间，应该在自然休眠破除以后，根系活动之前，因此，上海、江苏、浙江等地区适宜覆盖时间在 1 月下旬至 2 月中旬。

根据沈阳农业大学的试验结果，辽宁地区的小环棚早熟栽培最好在秋天盖膜保温，春天盖棚只能提早收获，不能延长花芽分化时间，产量提高不多。生产中常根据草莓花芽分化对温度的要求来确定盖膜保温适期，即在最低温度降到 5 ℃时及时盖膜，这一时期沈阳是 10 月上旬至 10 月中旬。

2. 小环棚覆盖后的温度管理

小环棚覆盖后，如果全期密闭保持较高温度，开始采收的时期虽早，但畸形果率很高，商品果率极低。如果前期不进行充分的高温处理，现蕾后又较早进行通风换气，则较低的温度会使采收期推迟，不能达到早熟的目的。正确的温度管理方法是：在出蕾前密闭环棚，保持较高的温度；开始出蕾后，如遇 35 ℃以上的高温，应及时进行通风换气；开花结果时尽量将最高温度控制在 30 ℃以内。通过这样的管理，初期虽然会出现少部分畸形果，但总体上着果数多，采收早，早期产量高，总产量也相对较高。就时间而言，大致在 2 月中下旬以前自然气温较低时，小环棚覆盖后进行环棚密闭，不必通风，尽量提高棚内的温度，促进生长发育，直至出蕾。在此以后，自然气温开始上升，草莓植株也将迅速生长，如果环棚密闭，棚内温度有时可超过 35 ℃，这时就要适当地通风换气，直至开花。进入 3 月上中旬以后，自然气温已明显上升，但很不稳定，草莓在开花结果期不宜久遇 30 ℃以上的高温，且棚内空气湿度不宜太高，这时应加大通风换气力度。天气晴朗时，白天还要掀开覆盖薄膜，使小环棚内温度保持在 30 ℃以下。江、浙、沪等南方地区大致在 4 月上中旬以后气温已经稳定，不再会出现冻害。北方地区大致在 4 月下旬即可以拆除薄膜，解除保温。为了预防果实发生灰霉病，可将薄膜暂时放置于沟间，如遇雨天可用薄膜覆盖，防止大量雨水入侵，这种避雨措施可以有效防止草莓果实的腐烂。小环棚温度管理是一项非常重要、细致的管理工作，是早熟高产的关键，必须高度重视。

在低温期间，有条件的地区还应该在小环棚外再覆盖一层草包等覆盖物进行夜间保温，提高夜间温度，最好使夜间最低温度保持在 5 ℃以上，该措施在北方严寒地区更为重要。为了在严寒之前使植株维持较长的生长时期，延长花芽分化时间，北方地区一般在 10 月中下旬即开始覆盖小环棚，11 月中旬气温进一步降低，夜间在小环棚塑料膜上再覆盖一层草袋片，12 月上旬开始密闭保温，度过冬季最冷的季节。2 月下旬以后白天掀开草袋片受光增温，3 月上中旬开始通风管理，使棚内温度保持在 30 ℃以下，4 月底可以除去小环棚。

3. 小环棚覆盖的形式

小环棚覆盖栽培的架材一般选用竹木或专用的塑料条，先搭成一个弓形架，再覆盖塑料薄膜。环棚大小主要取决于农用塑料薄膜的宽度，目前大致有两种基本形式：一种为四行定植的阔畦形式，该种方式当前栽培面积最大，一般畦宽约 150 cm（连沟），沟宽约 36 cm，畦面实际宽度大约 114 cm，用 2 m 左右的宽幅农用薄膜覆盖在棚架上，四周以泥块压紧进行保温，是比较方便的一种方法；另一种为双行定植的窄畦形式，当前栽培面积还较少，与阔畦形式相比，窄畦形式所需材料与搭架人工较多，但开花、结果、成熟状况要优于阔畦，灰霉病的发生也相对较轻。随着资材的增多及栽培管理的精细化，双行定植的窄畦形式将会得到进一步推广。

小环棚栽培发展的初期，农户多不注意定植方式，习惯采用等行距种植，也不注意植株的定向种植，致使小环棚内植株生长旺盛，花序伸向混乱，花序大多位于叶片之下，而且棚内湿度大，受光差，授粉不良，极易引发果实灰霉病和大量的畸形果。四行阔畦形式的定向种植，可把最中间的行距适度拉大，中间两行草莓的花序均伸向畦的最中间，而畦两边植株的花序应伸向畦外，没有花序的行间距离可适当缩小。如果是双行窄畦形式的定向定植，一定要把花序伸向畦的两旁。经过适当改进之后，草莓花序与果实周围的小气候得到适度改善，受光强，通风好，温度低，授粉条件有所改善，果实的产量与品质都能得到进一步提高。

塑料薄膜覆盖下的小环棚长度一般以 20～30 m 为宜，不宜过长，否则管理上不方便。小环棚以南北向为好，棚内光线较均匀。如果小环棚的方向为东西向，棚内北侧的光照量明显较少，光照强度比南北向少 25% 左右，使棚内植株生长不匀称。

目前小环棚栽培使用较多的保温材料是聚氯乙烯透明薄膜、聚乙烯透明薄膜和白色透明地膜。三者相比较，聚氯乙烯膜保温性最好，但透光性尤其是紫外光透性略差。聚乙烯膜保温性相对差些，但透光性较好。白色透明地膜一般以聚乙烯为材料，由于很薄，透光性自然最好，但保温性大大低于前两种薄膜。为了降低小环棚覆盖材料的成本，目前江苏、浙江、上海等地区草莓生产地大量利用 0.015 mm 厚度的白色透明地膜作小环棚覆盖膜，以逐步替代普通塑料膜。生产实践证明，应用白色透明地膜进行小环棚覆盖能明显促进果实早熟，提高产量，并可大大降低生产成本，白色透明地膜覆盖可比普通塑料薄膜覆盖节省生产成本一半以上。据江苏省镇江市农科所观察，2

月 16 日至 4 月 10 日期间，晴天时小环棚一般比露地增温 10 ℃左右；阴雨或下雪天，仍能增温 2 ℃左右。每日 8 时、14 时白色透明地膜覆盖的小环棚内平均温度分别为 2.6 ℃和 13.8 ℃，普通塑料薄膜覆盖的小环棚内平均温度为 2.7 ℃和 15.8 ℃，两者基本无差异，且棚内草莓生育状况也无明显差异，而利用白色透明地膜覆盖仅比普通塑料薄膜覆盖减产 2.6%。实践结果表明，浙江、江苏、上海等南方地区完全可以利用白色透明地膜作小环棚覆盖材料。

学习单元 ③

促成栽培

一、促成栽培的意义和目标

促成栽培是一种特早熟栽培，是结合花芽分化促进技术，利用温室或塑料大棚等设施提前保温，避免植株进入休眠，以期早开花早成熟的栽培方式。上海、浙江等地区促成栽培草莓可以在定植当年 11 月中下旬开始采收上市，直至翌年 6 月，鲜果上市期长达 7 个月，比露地草莓提早约 6 个月。目前这一技术正在上海、浙江、安徽等地迅速推广。

促成栽培需要良好的设施条件，一次性投资较大，投入的劳力也较多，且要求管理精细，技术上的季节性极为严格。尽管促成栽培成本较高，但由于上市早、平均单价高、采收期长、产量稳，经济效益明显高于露地栽培。

为了提前采收上市，育苗期中常采取措施促进花芽分化。低温、短日照和体内低氮是影响草莓花芽分化的主要因素，花芽分化的许多促控措施均在此基础上进行。人为低温处理能够有效促进花芽分化，但设备昂贵，费用较大，在我国现阶段暂不能大面积推广。目前上海等地区通过施肥、灌水、断根、遮光等技术措施调节植株体内的营养状况，能够有效促进花芽分化。采取以上措施，花芽分化开始期可提前 5~7 天，开花期提早 10 天，采收上市期提早 10~14 天，同时早期产量和总产量也相应增加。

促成栽培的温度管理至关重要，低温、短日照有利于草莓的花芽分化，而花芽的发育、开花结果及营养生长则需要在高温长日照条件下进行。花芽分化后的 11 月至第

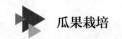

二年春天为自然条件下的低温短日照时期，欲使植株在此不利的光温条件下开花结果，必须根据草莓的生育需要进行温度管理，否则不可能获得高产量和高品质的果实。

促成栽培的目标，首先是要在圣诞节和元旦前后获得一定的年内初期产量，因为此时期草莓的价格很高，效益特别可观。为了提高初期产量，必须促进花芽提早分化，增加采收果数。花芽分化至果实开始采收所需的时间约为90天，如果要使第一花序的采收盛期出现在圣诞节和元旦前后，那么花芽分化期最晚要在9月20日左右。由于采收的果数及单果重对早期产量和总产量影响很大，因此栽培时应采取必要的技术措施，尽量维持植株的长势。通常长势与育苗期的营养状况、花芽分化的进程有关，定植后植株的成活状况对以后的生长发育也有一定的影响。在冬季低温短日照的不良环境下，长势往往会对产量产生更严重的影响，因此温度管理是冬季促成栽培最关键的技术措施之一。

二、促成栽培方法与技术

1. 品种选择

促成栽培所选用的品种应具有一定的特点，此类品种一般在相对高温条件下花芽容易分化与形成，休眠性浅，耐寒性优，长势强，具有较多的健全花粉，畸形果发生少，产量高，品质优。目前上海、浙江等地栽培的品种主要有丰香、红颊、久能早生、丽红、明宝、女峰、久香等，这些品种都是适宜于我国各地促成栽培的优良品种。

2. 培育壮苗

（1）健壮苗的标准与培育。促成栽培优质苗的要求是：花芽分化早，定植后成活好，每一花序都能连续现蕾开花，特别是第二花序以后的花序也能获得一定产量。健壮定植苗的指标是具有5~6片展开叶，根茎粗1.3~1.5 cm，苗重30 g，叶柄短而粗壮，根须多而粗白。

培育壮苗首先要选用优良母株，母株可从栽培实地中选取，以长势旺盛、每一个花序结果都好、畸形少、根系发达、无病虫害的植株为母株。当年3—4月从大棚促成栽培地中选取母株，挖取后作为原原种定植在采苗圃，所发生的葡萄茎苗进行移植育苗，于10月将这些苗作为原种定植在采苗圃，第二年6—7月间即可以挖取葡萄茎苗，通过假植育苗培育生产用种。

采用这种方法，从一棵原原种母株可以培育20~30棵原种母株，再将母株在秋季定植，第二年从一棵原种母株中培育出60~80棵生产用苗（见表4-3）。据此推算，第二年自一棵原原种母株可以获得 1 300 ~ 2 400 棵生产用苗，繁殖率很高，组培脱毒苗或从其他地区引入的优良品种也可用同样的增殖方法进行扩繁。如果原种母株在 3 月下旬定植，则采苗数相对减少，从一棵原种母株只能培育出 40 ~ 50 棵生产用苗，一棵原原种母株最终可获 800 ~ 1 600 棵生产用苗。

表 4-3　　　　　　　　　　　母株定植时期对匍匐茎苗发生数的影响

母株定植时期	每株的采苗数（棵）
秋季植株（10 月中旬）	60 ~ 80
春季植株（3 月下旬）	40 ~ 50
收获后植株（5 月下旬至 6 月上旬）	20 ~ 30

专用母株圃宜选择肥沃、疏松、有机质丰富、湿度比较稳定、无病虫害污染的地块，且灌水、排水要方便。移植前每 1 000 m² 增施充分腐熟的有机质肥料 3 000 ~ 4 500 kg，速效性复合肥 15 kg。施肥后精耕细作，整地做畦（见图 4-2），畦宽 2.2 m，母株移植在畦中央。促成栽培的采苗期较早，株距可适当缩短，一般为 0.3 ~ 0.4 m。

图 4-2　大棚草莓整地做畦

母株移栽成活后要及早追肥，多施氮素肥料能使匍匐茎发生量增多，每 1 000 m² 施三元复合肥或尿素 15 kg，全面撒施畦表，再轻轻松土将肥料翻入土中。以后要经常薄肥勤施，经常保持土壤湿润。切不可使母株圃地干燥，否则匍匐茎发生很困难。圃地也不能积水，雨期应及时做好开沟排水工作。

母株抽生的花序应及早全部摘除，不让其开花结果，以集中养分促进匍匐茎的大量发生。母株成活后可喷 50 mg/L 的赤霉素液 1 ~ 2 次，每次每棵 5 mL。早春气温较低，覆盖塑料薄膜小环棚，能促进母株的生长和多发匍匐茎，但要防止早春温度过高。

当匍匐茎陆续抽出时，应经常理顺匍匐茎伸展方向，使其均匀分布于整个畦面。为了防止夏季高温及强烈日照的影响，适当种植高秆高架植物或覆盖遮阳网，具有一定的降温效果。注意防止杂草和病虫害的为害。

（2）假植育苗。促成栽培与露地栽培的假植育苗技术基本一致，但促成栽培用苗的假植时期要早。适宜的假植时期既要考虑子苗的苗龄，又要考虑假植时的气候环境。长三角地区的假植时期以比较凉爽湿润的梅雨期为宜，一般在 6 月下旬至 7 月上中旬，此时假植的子苗容易成活。在此以前应尽早做好假植苗地的准备工作，假植畦的宽度以便于操作管理为宜，一般为 1 m 左右。为了避免假植育苗期中过多氮素肥料的不利影响，促成栽培用苗的假植育苗地宜选择稍瘠薄的地块（这一点与露地栽培有所不同），不必施用大量基肥，这样容易控制土壤中氮素量。具体施肥时还应结合土壤肥力的大小，一般每 1 000 m² 施充分腐熟的有机质肥料 2 100～2 400 kg，适当施入速效性的肥料，目的是改善土壤，促进根系发达。

假植时挖取有 3～4 片展开叶、有白根的健壮匍匐茎苗，行株距为（14～16）cm×（12～14）cm，每 1 000 m² 可育苗 3 万棵左右。假植后要加强管理，促进提早成活。要经常浇水，保持土壤湿润。追肥可根据苗的长势而定，以生育缓慢稳健为好，植株不宜过大过壮。体内 C/N（碳氮比）较高时，幼苗的花芽分化时期会提早。由于假植育苗期长，如果施肥过多，生育过于旺盛时，体内储藏养分多，氮素含量高，很快变成大苗，这样的苗花芽分化时期往往会推迟，一般产量虽高，但畸形果发生率增加。在缺肥的条件下，因植株营养不足，C/N（碳氮比）偏高，花芽分化期提早，但容易变成生产力低下的老化苗。可见在育苗期中氮素的影响很大，如果要达到既提早花芽分化，又保持生育旺盛的目的，可将假植育苗期划分为子苗发育期、花芽分化促进期及子苗充实期三个时期，各时期分别采取不同的技术措施，以期最终培育出合格的促成栽培用苗。

子苗发育期是指 6 月下旬至 7 月上中旬子苗从母株上切离开始至 9 月中旬前的时期，需经历 60～80 天，此期既要使植株维持一定的生长势，又不能使其过于旺盛，应看苗而追肥，可在 7 月底以前适当追施 1～2 次淡薄的速效性化肥。花芽分化促进期即 9 月中旬至 10 月初，是自然条件下第一花序的分化期。为获得有效的促进效果，进入分化期以前即 8 月中旬开始应绝对中止施用含氮的肥料，而适当施用磷钾肥，或叶面喷施 500 倍的磷酸二氢钾水溶液。子苗充实期即花芽分化后的时期，由于促进花芽分化时营养生长受到影响，长势较弱，充实期加强管理后植株可以得到较好的恢复。生产中可以利用镜检法确定植株是否进入花芽分化期，因分化的不可逆性，一旦确认花芽已经分化，就应该恢复施用氮素肥料，促进植株的营养生长与花芽的形态发育，最终达到果数多、果粒大、产量高的目标。

（3）综合处理。不少试验已经证明，低温、短日照条件有利于草莓花芽分化。长三角地区9月气温偏高，日照也较长，单方面处理效果往往不够理想，综合处理的效果更显著，其措施如下。

1）断根处理。断根的目的主要是控制氮素的吸收。用刀或小铁锹在离植株5 cm处切断四周根系，深度约10 cm，并将土块向上轻微松动。断根前充分浇水，断根后要避免水分过多。实践表明，断根后2～3天内的管理尤为重要，一般以叶片出现轻度萎蔫为宜，即使出现少量枯叶也问题不大。如断根后大量浇水会使植株再度旺盛，花芽分化推迟，这样又需再次进行断根。断根适期可以这样推算：定植前一星期为最后一次断根期，再往前每隔一星期断根1次，共计断根2～3次。例如，9月中旬定植，第一次断根可在8月底进行，第二次在9月2—3日，第三次为9月10日前后。

2）遮光或短日照处理。遮光处理是用遮阳网（遮光率50%～60%）等覆盖物对草莓苗进行遮光，以促进花芽提早分化的方法。该处理所利用的棚架高度一般为1～1.5 m，水平覆盖，如果利用大棚骨架，则效果会更好。遮光处理通常可降低气温2～3 ℃，降低土壤温度5～6 ℃。遮光时间为8月中旬至9月中旬，待花芽分化后及时除去覆盖物。遮光对根系发育很不利，一旦进入花芽分化期就应使植株多接受直射光，以促进多发根多吸肥。短日照处理即用黑色塑料膜环棚覆盖，使草莓苗每天的日照长度在8 h以内，短日照也能促进花芽分化进程。

3）夜冷处理。把苗从育苗圃挖起，选留2～3片展开叶，摘除老叶，按4～5 cm株距假植在育苗箱内，箱内装有疏松的基质或培养土。根据品种的不同，分别在8月底或9月初开始将苗放入冷藏库，夜间温度控制在10～15 ℃，一般每天下午5时入库，第二天早晨9时出库，出库后接受阳光照射，日照长度为8 h。处理时间为17～20天，确认花芽分化后出库定植。尽管这种做法需要较昂贵的冷库设施，但夜冷处理后，草莓早期产量与总产量都比较高，平均单果重也有所增加，经济效益仍十分显著。

4）钵育苗。一般采用口径10～12 cm、高10 cm的塑料钵育苗。钵内装入无病虫害的培养土，为了使钵土透气性更好，可以在培养土中适当拌入部分砻糠灰、蛭石等疏松物质。采苗上钵有两种方法。一种方法是在不切断匍匐茎的情况下，于5月下旬至6月下旬将子苗直接移栽在钵内，以具有2～3片展开叶、2～3条白根的子苗为最好。由于没有切断匍匐茎，移栽成活率很高。当苗数足够时，可以切断匍匐茎。另一种方法是于6月中旬至7月上中旬直接切断匍匐茎挖取子苗，然后移栽于钵内。上钵后，浇透水分，以14～16 cm的株距将钵苗排列于钵苗床，不宜过密。因梅雨期雨水多，当钵苗放置于露地时，钵内容易积水，肥料容易流失。如果将钵苗置于覆盖塑料薄膜的顶棚内，可避免雨水过多的不利影响，但雨季过后要及时除去薄膜。钵育苗需注意经常浇水，避免钵土过分干燥，否则会导致生育停止，花芽分化期推迟，生产力低下。钵育苗的前期长势以稳健为好，追肥过早容易使钵苗后期老化。追肥可在梅雨期即将结束之前开始，如上海地区在7月上、中旬。追肥以氮素肥料为主，尿素可配制成500倍的水溶液浇施，每次每钵约100 mL，每隔7~10天施用1次，共浇液肥4~5次。钵育苗的最终施肥期极其重要，必须引起注意。花芽分化较早的品种，8月中旬要停止施用含有氮素的肥料。某些花芽分化略迟的品种，最终施肥期要提早，8月上旬应开始严格控制施用含有氮素的肥料。通过上述方法育成的钵苗，往往根系发达，根茎粗，花芽分化早，定植成活率高，既能提早成熟，又能提高产量，是当前值得推广的育苗法。钵苗一旦进入花芽分化期，就不应使其处于缺肥状态，否则会严重阻碍花芽的发育，延迟采收期，降低产量。生产中一定要准确观察花芽分化期，当确认花芽开始分化后及时追施稀薄的速效性氮磷钾复合肥水溶液。

育苗正处在高温、长日照条件下，不仅母株会发生匍匐茎，子苗假植以后，匍匐茎也会大量发生，如果任其自由生长，子苗的生育会受到严重影响，应及早摘除。为了有利于花芽形成，育苗期间应随时摘除老叶和病叶，使植株始终保持4~5片展开叶。

3. 定植与田间管理

（1）土地准备与定植。目前大部分地区利用塑料大棚进行促成栽培，大棚轮作有利于草莓生长，有条件的地方应首先考虑合理轮作。草莓不耐连作，连作会带来许多难以解决的问题，如土壤肥力下降、盐分积累、病虫害增多等。由于大棚不能经常移动，现在每年仍有相当多的大棚进行连作栽培。为解决这一问题，目前主要有两种办法：第一，6—9月的自然多雨、高温期，掀开塑料薄膜，清除土壤表面的旧地膜，用机械深耕翻松，使其接受暴雨冲刷，烈日暴晒；第二，夏季空闲期在大棚内种植一些豆科植物，如毛豆、豇豆等。

促成栽培要施足基肥，每1 000 m² 施充分腐熟的有机质肥料4 500~7 500 kg、过磷酸钙60~75 kg、三元复合肥75 kg。基肥在定植前半个月施下，土表全面撒施，以机械翻耕，使有机质肥料与土壤充分拌和。随后开沟做畦，以深沟高畦为宜。6m宽的大棚做畦5~6条，畦宽100~120 cm（连沟），畦面要求平整，略呈龟背形，以防畦面积水而造成烂果。施肥、做畦等工作需在定植前10天完成，做畦后在畦表覆盖旧的塑料薄膜，有利于土壤中肥料熟化，并能使土壤保持一定的湿度，还能避免雨水冲刷，减少肥料流失。单畦双行种植，行距25~28 cm，株距18~20 cm，每1 000 m² 种植9 000~12 000棵。

（2）定植适期与方法。上海等长江流域地区定植适期为9月中旬至10月初，即在假植苗刚进入花芽分化之后。起苗要带土块，尽量少伤根系。定植前一天给育苗地浇一次透水，有利于挖苗。大小苗分棚种植，可使开花结果期一致，便于管理。钵育苗边种边脱去塑料钵，不会损伤根系，成活率极高。定植时应注意定向种植，将草莓苗根茎的弓背部朝向畦外，花序的抽生会伸向畦的两侧。这样有利于果实受光充足，果实的着色与品质均会提高，又因空气流通性好，病虫害显著减少，商品果产量增加。定植时要掌握适当的深度，不宜过深或过浅。定植后及时浇水，促进提早成活。

（3）定植后管理。定植后至大棚覆膜的时期，是地上部与地下部迅速生长的时期，因叶面积大量增加，根系分布范围扩大，对生育十分有利。该时期的管理主要有施肥灌水、摘叶摘芽、铺地膜、中耕除草等工作，如图4-3所示。

图4-3 大棚草莓定植后管理

定植后即要浇水，促进成活，成活后也要根据天气情况和土壤干燥度，每3~7天浇水或灌水一次，有喷灌和滴灌设施的地区应经常向叶片喷水，或行间滴水，保持土壤经常湿润。

促成栽培覆盖地膜可以起到提高土温、促进肥料分解、防止肥料流失及减少病害发生的作用，必须及时实施。地膜覆盖时间以10月20日前后最为适宜。如果覆盖过早，地温会迅速上升，不仅伤害根系，还会推迟第二花序的花芽分化期；但覆盖过迟，又会影响应有的覆盖效果。

尽管透明地膜升温快，但因不能有效防除杂草，仍未得到大量使用。目前，生产中经常使用且效果较好的地膜为厚度0.03~0.05 mm的黑色不透明聚乙烯膜。黑地膜能有效防止杂草滋生，但提高土温的效果不如透明地膜。此外，当黑地膜大量吸收太阳能时，膜表面温度很高，容易引起叶片、果实的日烧病，因此亟待开发、使用含有

除草剂的透明地膜或其他特色地膜。

在铺设地膜前，最好能安装滴灌设施，这样既能及时灌水，又能随时浇灌液肥，管理十分方便，可节省大量劳动力。

植株生育开始时，会发生旺盛的腋芽和匍匐茎，为了节省植株营养，一定要及早摘除早期抽生的腋芽，随时去除匍匐茎，这样也可避免较大的伤口。育苗期中需不断地进行摘叶，定植后也要及时摘除老黄叶和病叶，但不能过分，否则会延缓开花和果实膨大，推迟采收期。

（4）温度管理

1）保温的适宜时期。大棚一旦覆盖塑料薄膜即为保温开始期，当自然温度不断下降，气温、地温降至草莓生育适温以下时是保温适期。保温不宜过早，如果过早覆盖塑料薄膜，第一花序开花虽早，但第二花序的分化会受到抑制，甚至变成匍匐茎。综合考虑气温与植株的生育状态，适宜覆盖保温的时间应在平均气温 16 ℃（10 月下旬至 11 月初）、能观察到第二花序开始形成时。利用钵育苗可使花芽分化期提早，覆盖保温期也需相应提早。适期保温和适当的温度管理，可以有效促进生育和开花，使植株在果实膨大期以前形成较发达的根系，较多地吸收土壤养分，为早熟高产打下基础。

2）大棚与小环棚双层覆盖。覆盖一层塑料薄膜时，大棚要比小环棚保温效果好。据试验观察，大棚塑料薄膜以透明的聚氯乙烯塑料薄膜保温效果好，相同条件下可比聚乙烯塑料薄膜保温增温 2 ~ 3 ℃。

11 月下旬气温已经很低，大棚内的夜间温度开始影响植株生长，这时必须及时使用小棚覆盖，大棚与小棚双重保温时，可比露地气温提高 5 ~ 6 ℃。长三角地区冬季最低气温为 –7 ℃左右，极个别年份在 –10 ℃以下，还需要努力采取各种措施，确保温度的提高。

小环棚上再覆盖草包或其他保温材料，可以在小环棚温度的基础上再提高 2 ~ 4 ℃，保温效果很好，但日常的开闭管理需要较多劳力。近年的研究表明，用无纺布覆盖效果也很好，且管理相对方便。

为了确保植株安全越冬，提高保温效果及管理方便，可采用双层大棚保温，即在大棚内再搭建略小的中棚。当采用大棚、中棚、小棚三重塑料薄膜覆盖时，棚内温度可比棚外气温高出 12 ~ 13 ℃，即使处在 –7 ℃的严寒季节，棚内最低气温仍可保持在 5 ℃左右，植株的生长能够正常进行。

3）温度要求。保温初期，温度要求相对较高，白天要求 30 ℃，夜间 12 ℃；显蕾时，白天要求 25 ~ 28 ℃，夜间 10 ℃，如果夜温过高（13 ℃以上），腋花芽会退化，雄蕊、雌蕊将受到不良影响；开花期，白天要求 23 ~ 25 ℃，夜间 8 ~ 10 ℃；果实膨大期，白天要求 23 ~ 25 ℃以下，夜间 6 ~ 8 ℃；果实收获期，白天要求 20 ~ 23 ℃，夜间

$5 \sim 7\ ℃$。

（5）土壤肥水管理。保温开始后，大棚内温度较高，蒸腾量大，土壤很容易干燥，仅靠浇水往往不能满足要求，有时需进行沟灌。装有滴灌设施的大棚大约每星期滴水1次，经常保持土壤充分湿润，这是草莓植株生育好坏的关键。追肥结合滴灌很方便，一般自定植到保温开始期需施肥 $1 \sim 2$ 次，特别是在铺地膜前要施肥1次；以后于果实膨大期和采收初期各施1次；2月中旬植株将要恢复长势前追施1次；早春腋花芽出蕾至果实膨大期再施 $2 \sim 3$ 次，共计 $7 \sim 8$ 次。地膜覆盖前施肥可用三元复合肥直接撒于畦面，轻轻中耕松土，并配合浇水，每次每 $1\,000\ m^2$ 施化肥 $12 \sim 15\ kg$。地膜覆盖后用滴灌设施滴入液肥，追肥最好遵循薄施勤施的原则，用 $400 \sim 500$ 倍的三元复合肥液滴灌，每次每 $1\,000\ m^2$ 滴入液肥 $2\,250 \sim 4\,500\ kg$。

（6）空气湿度管理。保温后大棚内的空气相对湿度较高，将有碍开花及授粉受精。果实采收期湿度太大时，容易发生灰霉病。故在铺设地膜时，对畦沟走道也应全面覆盖，不留裸地，以阻止地面水分蒸发。在走道上再铺置一层稻草，不仅方便行走，而且能吸收大气中的水分。结合温度管理，高温时应注意经常通风换气，以降低棚内空气湿度。

（7）赤霉素处理。大棚保温开始3天后用赤霉素处理，可促进生长，有效防止休眠。因为赤霉素在高温时效果更大，所以喷液宜选在晴朗的高温天气进行。喷液用量因品种类型而异，一般休眠性较浅的品种如丰香、丽红等，每株喷一次 $8\ mg/L$ 的赤霉素液 $5\ mL$ 即可；休眠较深的品种如宝交早生、全明星等，则需喷 $10\ mg/L$ 的赤霉素液两次，每次每株 $5\ mL$，两次相隔 $7 \sim 10$ 天。喷液要喷在心叶上，不宜过多或过少。喷药后大棚内温度可以提高到 $30 \sim 32\ ℃$，3天后即开始逐步见效。

半促成栽培

一、半促成栽培的意义和目标

进入秋季，由于日照变短、气温下降，草莓植株逐步停止生长，进入自然休眠期。植株一旦进入休眠，必须经受一定量的低温后，才能打破自发休眠。自然休眠解除后，如果给予合适的环境条件，植株将恢复正常的生长。当环境条件不适，即仍处在冬季低温状态时，草莓植株将继续保持休眠状态，此时的状态称为被迫休眠。在秋冬季节的自然低温条件下满足草莓植株的低温需求量，使植株基本通过自发休眠，或者采用人为措施强制打破休眠以后，即开始保温或加温以促进植株生长和开花结果，使果实在2—4月间采收上市的方法称为半促成栽培法。实践表明，半促成栽培的保温开始期如果在完全打破休眠后，容易多发匍匐茎，且会减少花序数，降低产量。在自然休眠完全打破前适当提早保温，能有效防止植株生长过旺，并可增加花序数，提高产量。

半促成栽培的果实采收高峰期在2—4月，此时正处于促成栽培第一次采收高峰期之后、露地栽培采收期之前，是均衡草莓上市的一种重要栽培方式。

半促成栽培根据品种、打破休眠的方法以及保温时期的多样性可分为普通大棚半促成栽培、株冷藏半促成栽培、高山育苗半促成栽培、遮光处理半促成栽培、电照半促成栽培等多种方式。通过不同的栽培方式，可以达到不同的要求，使草莓在2—4月间更均衡合理地采收上市。

半促成栽培的保温方法，除使用大棚塑料薄膜覆盖外，可在大棚塑料膜上加盖稻草席子，也可使用二重内膜或者小环棚覆盖，还可利用温风机或土壤加温等。同时利用两项或多项保温措施，必然会增加许多劳动力和操作，但如果冬季自然休眠解除后，棚内温度不能满足植株的正常生长，将不可能达到半促成栽培预期的目标。因此，要根据植株的生长要求灵活应用各项保温措施。打破休眠可选用多种方法，除充分利用自然低温外，还可采用人为的办法，如株冷藏、电照栽培、赤霉素处理等。具体操作可参照本书中栽培基础部分，大棚覆盖保温是最基本、最重要的技术。

半促成栽培最好利用土壤加温与电照栽培或遮光栽培相结合，12月中下旬开始保温，2月底至4月底亩产可达 2 500 kg。为了获得较高的产量，一定要注意保持生长势，延长采收期。

二、半促成栽培方法与技术

1. 品种选择

根据草莓品种自然休眠所需低温量的差异，可将半促成栽培品种划分为暖地型和寒地型。南方地区应该选用休眠较浅、低温需求量较少的品种，而北方地区以选用休眠较深、低温需求量较多的品种为宜。目前适合于暖地半促成栽培的品种主要有宝交早生、丽红、久能早生、达娜等，寒地栽培的品种以全明星、弗杰尼亚、大将军、甜查理、卡麦若莎等为好。由于宝交早生、丽红等品种适应性强，采收上市早，果实品质优，商品果出产率高，也可用在寒地半促成栽培。半促成栽培的保温开始时间一定要根据品种的休眠深浅来决定。

2. 培育壮苗

健壮苗的标准因栽培方式和采收目标而有所不同。一般以总产量特别是早期产量的高低来衡量苗质的好坏。半促成栽培健壮苗的标准是：根茎粗 1.0 ~ 1.5 cm，粗根多且新鲜；展开叶 5 ~ 6 片，叶柄短，叶色鲜绿，叶片大；花芽分化好，全株重20 ~ 30 g；定植后发根早，成活快。如果生产规模较大，所需用苗数量增多，能否在同一时期内获得均匀一致的标准苗则成为草莓生产成败的关键。除上述标准外，半促成栽培用苗还要求：苗开花早且整齐；花序按顺序多次发生，有长时间的生产力；每个花序的花数不宜过多，否则果实容易小型化；果形正，畸形果发生少。培育壮苗的操作方法如下。

（1）选留母株，培育匍匐茎子苗。母株应自露地栽培地里进行选择，以优良健壮植株作为母株，因露地栽培植株已经感受冬季长期的低温，一般生育旺盛，匍匐茎多

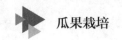

且均匀。生产中最好利用上年秋季选留的专用母株。如果母株自各种保护地栽培中选择，由于低温量不足，往往匍匐茎发生量较少，即使抽出匍匐茎，长势也较虚弱。

有条件的地区应推广应用无毒苗作为母株。无毒苗一般用茎尖组织培养获得，技术比较复杂，生产者可以从技术部门引进。无毒苗生育旺盛，根系发达。早期产量增加不太明显，但中后期的果实大、产量高，例如丰香的无毒苗比普通苗能增产20% ~ 30%。

选留的母株要摘去下部的老叶、病叶和花序，尽早将母株带土块挖起，定植于繁苗圃。繁苗圃应选在排灌水方便之处，定植前充分施入有机质肥料与速效性化学肥料。行株距为（1.5 ~ 2）m × 0.5 m，一般每 1 000 m² 定植母株 525 ~ 600 棵。

母株定植成活后，只要生长旺盛即可迅速发生匍匐茎。适宜于半促成栽培的子苗，应该是发生于 6 月至 8 月中旬的匍匐茎，8 月下旬至 9 月上旬采苗进行假植（见表 4-4），假植时子苗最好具有展开叶 3 ~ 4 片。如果此时子苗太小，则会影响花芽的分化与发育，花序数减少，产量不高。如果利用 6 月以前发生的子苗，尽管花芽分化较早，每花序开花数增多，但由于叶面积减小，小果率与畸形果发生率明显升高，增加了疏花疏果和摘芽的强度，因此生产中不宜采用过早或过迟的子苗。

表 4-4　　　　　　　草莓采苗时期对产量的影响（品种：达娜）

采苗时期（假植期）	定植时叶数	总开花数	果实产量（g/ 株）
7 月 20 日	8.2	36.2	117
8 月 9 日	7.2	38.3	246
8 月 29 日	7.3	43.2	320
9 月 18 日	4.3	30.1	241

无毒苗母株的匍匐茎发生较早，且量较多，应该摘除 6 月以前发生的匍匐茎。当 8 月上旬地面已有许多匍匐茎时，可将母株及最早发生的过大子苗拔除，这样有利于其他子苗的生育，避免子苗间过度拥挤而成为徒长苗。

（2）假植育苗与管理

1）假植圃的准备。假植苗圃要注意轮作。草莓地许多土壤病害与茄科作物种植地一致，因此栽种茄科作物的地块不宜作草莓假植圃。假植前应施足有机肥料，每 1 000 m² 施腐熟猪粪 3 750 kg，施后充分翻耕。由于假植期较短，秋季分解速度慢，可适当施入速效性氮磷钾复合肥，每 1 000 m² 施 22.5 kg。

2）假植适期与方法。假植的适期为 8 月下旬，此后气温与土温开始逐步下降，9 月上旬以后已不宜假植。假植以 2 ~ 5 片叶（最好是 3 ~ 4 片叶）的子苗为好，这类子苗一般占所有匍匐茎苗的 70% ~ 80%。

假植的方法是将子苗挖起，切离匍匐茎；为防止根系干燥，宜随挖随栽。假植的行株距为 12 ~ 15 cm。假植后 1 周内的管理对子苗的成活至关重要。子苗发根的适宜土温为 14 ~ 22 ℃，而假植时的实际土温一般为 20 ~ 25 ℃，因此假植后应及时充分灌水，特别是每天早晚要浇叶面水，或利用遮阳网覆盖降温。如果管理得当，2 ~ 3 天后即开始长新叶，4 ~ 5 天时发新根，7 ~ 10 天后可撤除遮阳网，促进假植苗生长健壮。

3）加强管理，培育健壮苗。子苗成活以后，天气开始凉爽，10 月中旬前均是草莓生育的适宜时期。此时营养吸收多，生长速度快，且植株开始进入花芽分化，是育苗非常重要的时期。随着新叶的不断展开，应及时摘除老叶、病叶，使植株经常保持4 ~ 5 片展开叶。半促成栽培苗一般不需特别处理来促进花芽分化，但在假植成活后，要使子苗接受充足的阳光，以防止徒长。假植期间防止杂草发生和病虫害，一旦抽发匍匐茎就应及时摘除。半促成栽培开始保温期是在自然休眠打破之后，植株在覆膜保温后现蕾、开花。如果现蕾、开花在覆膜以前，则称为"不时现蕾"。休眠中等的宝交早生、达娜等品种在初秋凉爽、晚秋温暖的年份易出现"不时现蕾"，应在 9 月中下旬适当追肥，推迟花芽分化期。株冷藏半促成栽培苗花芽分化早，一般冷藏前花芽已经发育，冷藏时易发生花序受冻，实际操作时应特别注意。半促成栽培多在花芽分化后定植，因此，苗床要加强肥水管理，尽量培育大苗壮苗，以减少"不时现蕾"。

3. 定植与田间管理

（1）土地准备。定植前 15 天左右面施有机质肥料，一般每 1 000 m² 施充分腐熟的猪粪 4 500 ~ 7 500 kg、过磷酸钙 60 ~ 75 kg、三元复合肥 75 kg，深耕细耙，使土肥充分混合。目前上海、浙江等大部分地区使用 6 m 宽大棚，一般做 5 ~ 6 个畦，畦宽1 ~ 1.2 m（连沟），以高畦深沟为宜。

（2）定植时间与方法。定植时间的早迟对着果与产量影响很大，与畸形果的发生率也有密切关系。我国中部地区定植时间为 10 月 15—25 日，此时自然气温为15 ~ 17 ℃。如果 11 月上旬以后定植，由于气温和土温都已降低，休眠期来临，植株新根发生困难。如果 10 月上旬定植，因此时正处于花芽分化的不安定时期，断根容易引起畸形和"不时现蕾"，影响产量和品质。半促成栽培的最适定植时间应该是花芽分化已经安定，定植时的断根不会影响花芽分化的质量。如果由于特别原因造成定植期过迟，则应加强定植后的管理，在灌水时适当加入淡薄的速效性液肥，努力促进成活。

假植苗起苗前应对苗圃充分浇水，摘除病叶、老叶和侧芽，留 5 片展开叶。起苗时最好带土块，尽量少伤根系。定植时注意定向，使花序伸向畦的两侧。单畦双行种

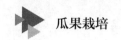

植，行距 25~28 cm，株距 18~20 cm，每 1 000 m² 种植 9 000~12 000 棵。如果定植苗较小，栽植密度可适当增加。定植后要及时充分灌水，不能干燥。

（3）定植后的肥水管理。10 月中下旬定植后不久植株即进入休眠期，茎叶的生长与根系的发育也随之缓慢。在这较短的生长时期内，管理上结合灌水、中耕松土以及防除杂草等综合措施，可以有效促进根系生长发育，使根系尽量扩大。第一次追肥在定植后 7~10 天进行，可用速效性三元复合肥，每 1 000 m² 于行间撒施 22.5 kg，也可利用 500 倍的液肥分数次浇施。第二次追肥在地膜覆盖前（12 月下旬至 1 月上旬），同样可施用速效性肥料，促进休眠打破，加速初期生育，施肥量与第一次相同。如果在此时期增加一部分缓效性肥料，对维持 1—2 月植株的长势及持续稳定结果会有很大的益处。第三次追肥在果实膨大期，结合灌水，滴入液肥，既有利于促进生长，又能促进果实膨大，通常使用 500 倍的液肥，分数次施入，每次每 1 000 m² 施三元复合肥12~15 kg。

适当灌水始终是最重要的技术措施之一。定植成活后一定要经常灌水，保持土壤湿润。12 月下旬以前，无论如何都应保证灌水的适时进行，至少 10~15 天灌水一次，每次都要灌透。其理由是，进入冬季干燥季节，特别是保温开始以后，如果使用暖风器，或进行土壤加温，棚内失水量大，水分常显不足，叶片易出现萎蔫，最终严重影响果实膨大。灌水方法有两种：一种是使用方便的滴灌设施，另一种是沟灌。

（4）摘叶、摘芽和除草。定植后要及时除草，11 月上旬前要随时摘除老叶、枯叶，但不宜过分。11 月上旬以后重点整理腋芽，腋芽的选留数因品种、苗质、株距而异，一般留健壮腋芽 1~3 个，密度大时少留，反之可适当多留。定植时的腋芽数对产量的影响见表 4-5。

表 4-5 定植时的腋芽数对产量的影响

品种	芽数	总产量（每 5 棵）	
		数量（g）	对比
宝交早生	1	1 561.2	118%
	2	1 603.2	122%
	3	1 588.0	121%
	放任	1 314.0	100%
达娜	1	1 342.3	126%
	2	1 303.4	123%
	3	1 143.4	107%
	放任	1 064.2	100%

秋冬季杂草较多，新的轮作地杂草生长更加繁茂，定植后（第一次追肥后）若在畦间盖上一层薄薄的稻草，既可防止杂草滋生，又能防止土壤干燥。

遮光处理可在 11 月下旬至保温开始间进行，时间为 30～35 天。用遮阳网遮光处理，可以起到促进生根、保护植株和使花芽免受寒害的作用，同时也有利于打破休眠。

（5）温度管理

1）保温开始时间。草莓在短日照时开始进入休眠，随着温度的降低，休眠逐渐加深。由于品种间休眠深浅不同，进入休眠的时间也不一样，如休眠深的卡麦若莎开始进入休眠的时间在 10 月上旬，宝交早生在 10 月中旬，八千代约在 10 月下旬，11 月上旬后生育接近停止。植株一旦进入休眠，必须经受一定的低温需求量后休眠才会打破，并开始恢复生长。如果低温量不足，即使对大棚进行保温，植株仍将维持矮化状态；如低温量过多，保温后植株生长旺盛，易出现徒长。低温需求量常以 5 ℃以下的累积时间来表示，丽红需 60～100 h，八千代 200 h，宝交早生 450 h，达娜 700 h。为防止保温后生长过分旺盛，一般将半促成栽培开始保温的时间适当提早，即在自然休眠完全打破之前。

在适宜于半促成栽培的品种范围内，休眠较浅的品种可早保温，深休眠品种的保温开始期也相应较晚，一般在 12 月中旬至 1 月中旬。据试验观察，在上海地区宝交早生的自然休眠期是 10 月中旬至 1 月上中旬，保温开始期应在 1 月上旬。生产中实际操作时，保温的正确时间还应该根据当地的气候条件、记载的实际温度以及保温后能否达到应有的温度条件等因素来决定，这样才能真正做到适时保温。

2）保温与温度管理。确定合适的保温时间后即要进行大棚覆盖，覆盖的材料以聚氯乙烯薄膜保温效果较好，聚乙烯薄膜保温效果相对较差。大棚内可同时覆盖小环棚或第二重膜，地表铺设地膜；有条件的地方，还要利用电照加温的方法，加快草莓生育。电照与加温的时间一般在大棚覆盖保温开始后，电照处理阶段如每日日长为 13～14 h，则每日电照时间为 4～5 h，直至 3 月上中旬结束。加温的方法很多，主要有暖风机和电热加温线，一般较多使用成本较低的土壤电热加温线。每 1 000 W 加温面积 50～60 m^2，把电热线埋在畦的两边肩部，用控温仪控制土壤温度在 13 ℃以上（电照与加温方法参考促成栽培）。

保温后大棚内的温度管理是一项极重要又细致的工作，直接影响草莓的产量与品质。这段时期的温度要求如下。

①保温开始至出蕾期。为了促进生长，防止矮化，使花蕾发育健壮、均匀一致，此时要求高温管理，在不发生烧叶的情况下，大环棚与小环棚都要完全密闭封棚，提早打破休眠，其适宜温度白天为 28～32 ℃，夜间温度为 9～10 ℃。如果晴天短时期出现 35 ℃左右的温度并无妨害，但是 40 ℃以上时即应该调节降温，绝不容许有 45 ℃以

上的高温。在保温开始后的 10 ~ 14 天内，只需大棚通风换气调节温度，小棚内保持较高的空气湿度，可暂时不必通风。

②出蕾期。即自出蕾开始至开花始期，当 2 ~ 3 片新叶展开时温度要求渐渐降低，除大棚外，小棚也要开始通风换气，使白天温度为 25 ~ 28 ℃，夜间温度为 8 ~ 10 ℃。这段时期如果棚内温度急剧变化，往往对生育造成不良后果，特别是花粉正处在四分体形成时期，对温度变化极为敏感，容易引起高温或低温障害，因此绝对不能有短时期的 35 ℃ 以上高温。

③开花期。开花期即开花始期至开花盛期。正在开花的花朵对温度也相当敏感，在 30 ~ 35 ℃ 以上时，花粉发芽力低下；在近 0 ℃ 以下时，雌蕊受到影响，花蕊变黑，不再结果。开花期的适宜温度为白天 23 ~ 25 ℃，夜间 8 ~ 10 ℃。

④果实膨大期。果实膨大期的适宜温度为白天 18 ~ 20 ℃，夜间 5 ~ 8 ℃。如果夜温在 8 ℃ 以上，对果实着色很有利。在冬季低温时期，要努力使最低温度保持在 3 ℃ 以上。此时期如果温度高，则采收早，但是果实小；如果温度较低，则采收迟，果实增大。这时的温度管理可以根据市场需要而适当掌握，具体温度要求见表 4-6。

表 4-6　　　　　　　　半促成栽培的大棚温度管理

时间节点		从定植到开始保温	从开始保温到开始出蕾	从开始出蕾到开始开花	从开始开花到盛花期	从盛花期到开始收获	从开始收获到收获终期
生育阶段		促进成活	出蕾前期（10 天）	出蕾期（5 ~ 10 天）	开花期（5 ~ 10 天）	果实膨大期（25 ~ 30 天）	收获期（40 ~ 50 天）
生育时期		新叶生长	10% ~ 20% 出蕾	新叶展开，出蕾盛期	出蕾，开花盛期	开花，果实膨大	果实膨大、着色，收获
适宜温度（℃）	白天	27 ~ 30	28 ~ 32	25 ~ 28	23 ~ 25	18 ~ 20	18 ~ 20
	夜间	9 ~ 10	9 ~ 10	8 ~ 10	8 ~ 10	5 ~ 8	5
危险温度（℃）	最高	>40	>40	>35	>30	>30	>30
	最低	<0	<3	<3	<3	<1	<1
5 cm 地温（℃）		10 ~ 13	10 ~ 13	10 ~ 13	8 ~ 10	5 ~ 10	8 ~ 10
注意事项		多湿、多叶缘水珠	促进出蕾均一	高温	高低温	换气	换气、灌水、病害

（6）赤霉素处理。赤霉素处理和长日照、电照处理一样，有快速、明显的作用。对宝交早生，每株使用 10 mg/mL 的赤霉素 5 mL，喷在植株的心部叶面，可促进打破休眠，促进生长和开花。但是赤霉素处理后有开花数增多、小果实增多的倾向，且根

重减小。所以赤霉素处理要慎重，在保温开始后处理一次即可，不能乱用，否则效果不好。

（7）养蜂授粉与疏花疏果。冬季寒冷季节大棚内没有昆虫授粉，畸形果发生会增多。可以从大棚保温开始，每只大棚安放一箱蜜蜂，于3月中旬自然气温回升后把蜜蜂搬出，共计约3个月。蜜蜂的活动时间受气温影响很大，一般晴天早晨9时至下午3时，大棚内气温在20 ℃以上时，蜜蜂活动非常活跃，授粉效果很好。气温在32 ℃以上时，蜜蜂活动迟钝而缓慢。所以大棚温度管理要考虑有利于蜜蜂的活动。养蜂要注意饲育，经常补给砂糖和花粉作日常食物。养蜂期间不能喷杀虫药，草莓的灰霉病、蚜虫要在养蜂前彻底防治。要注意高温多湿给蜜蜂带来的病害，防治蜜蜂病害的发生。

（8）果实采收。半促成栽培自开花后35～40天开始采收果实，由于半促成栽培的方式很多，有普通半促成、山地育苗半促成、低温处理苗半促成，还有遮光、加温、电照半促成栽培等，早则1月下旬进入采收期，迟则4月开始收获，如果配置合理，可使采收期明显拉长。半促成栽培产量的差别也很大，一般每亩产量为700～2 500 kg。果实成熟期要避免高温、多湿、多肥，否则果实肉质变软，不耐运输。

一体化鉴定模拟试题

【试题一】草莓育苗技术 1（培养土的制作）（考核时间：25 min）

1. 操作条件

（1）20 m² 左右的育苗操作场地。

（2）8～10 cm 口径的塑料钵 50 个。

（3）锹、耙锄、壶等工具。

（4）泥炭土、蛭石、腐熟有机肥、细土过筛物、过磷酸钙。

2. 操作内容

（1）把有机肥、泥炭土、细土再次筛细。

（2）按土：有机肥：蛭石：过磷酸钙 =3：1：1：少量的比例拌匀。

（3）装钵，整齐排列在苗床中。

3. 操作要求

（1）土、肥配比正确，拌土要均匀。

（2）在塑料钵中装培养土约 60% 满。

（3）装钵后排列备用。

4. 评分项目及标准

序号	评价要素	考核要求	配分	等级	评分细则
1	配制	用筛子筛细，并按要求比例配制	12	A	完全正确
				B	—
				C	基本正确
				D	误差较大
				E	完全错误
2	装钵	营养土拌匀，装钵	12	A	营养土拌匀，装钵量正确
				B	营养土拌匀，装钵量基本正确
				C	营养土基本拌匀，装钵量基本正确
				D	营养土未拌匀，装钵量基本正确
				E	营养土未拌匀，装钵量不正确

续表

序号	评价要素	考核要求	配分	等级	评分细则
3	文明操作与安全	操作规范、安全、文明，场地整洁	6	A	操作规范，场地整洁，操作工具摆放安全
				B	操作规范，场地较整洁，操作工具摆放安全
				C	操作规范，场地部分不整洁，操作工具摆放安全
				D	操作规范，场地部分不整洁，操作工具摆放不安全
				E	操作不文明，场地没清理
合计配分			30	合计得分	

等级	A（优）	B（良）	C（及格）	D（较差）	E（差或缺考）
比值	1.0	0.8	0.6	0.2	0

"评价要素"得分 = 配分 × 等级比值

【试题二】草莓育苗技术 2（移苗与浇水）（考核时间：25 min）

1. 操作条件

（1）20 m² 左右的育苗操作场地。

（2）锹、耙锄、壶等工具和 8～10 cm 口径塑料钵。

（3）已配制好的培养土。

2. 操作内容

（1）用培养土装钵。

（2）种植草莓苗（移栽秧苗）。

（3）根据苗床宽度排钵苗。

（4）浇水、遮光。

3. 操作要求

（1）培养土装钵要适当，排钵要整齐。

（2）移栽不宜过深或过浅。

（3）浇水要均匀，使钵底孔少量出水。

（4）覆盖遮阳网。

4. 评分项目及标准

序号	评价要素	考核要求	配分	等级	评分细则
1	装钵	培养土装钵（60%）	10	A	完全正确
				B	—
				C	基本正确
				D	误差较大
				E	完全错误
2	种植	种植草莓苗深度适当	10	A	全部正确
				B	草莓苗过深或过浅移苗未超过10%
				C	草莓苗过深或过浅移苗超过10%，但未超过40%
				D	—
				E	草莓苗过深或过浅移苗超过40%
3	浇水	排钵苗，浇水匀透	10	A	排钵整齐，浇水匀透
				B	排钵整齐，浇水基本匀透
				C	排钵基本整齐，浇水基本匀透
				D	—
				E	排钵不齐，浇水不匀
		合计配分	30	合计得分	

等级	A（优）	B（良）	C（及格）	D（较差）	E（差或缺考）
比值	1.0	0.8	0.6	0.2	0

"评价要素"得分 = 配分 × 等级比值

【试题三】观察花芽分化的进程（考核时间：25 min）

1. 操作条件

（1）20 m² 左右的教室或操作场地。

（2）高倍解剖镜1台，尖头镊子、解剖针各2根。

（3）已进入花芽分化的草莓苗5棵。

2. 操作内容

（1）在实验室解剖镜边逐片剥去草莓外叶。

（2）观察草莓苗生长点的花芽。

3. 操作要求

（1）逐片剥去外叶，露出生长点，至少有3棵成功。

（2）观察生长点的形状，判断草莓花芽的分化程度。

4. 评分项目及标准

序号	评价要素	考核要求	配分	等级	评分细则
1	解剖	解剖草莓苗茎尖，露出生长点（5棵）	15	A	解剖成功3棵以上（含3棵）
				B	解剖成功2棵
				C	解剖成功1棵
				D	—
				E	解剖全部失败
2	观察	观察茎尖生长点的花芽分化	15	A	能清晰地看到花芽
				B	较清晰地看到花芽
				C	基本能看到花芽
				D	—
				E	不能看到花芽
合计配分			30	合计得分	

等级	A（优）	B（良）	C（及格）	D（较差）	E（差或缺考）
比值	1.0	0.8	0.6	0.2	0

"评价要素"得分 ＝ 配分 × 等级比值

【试题四】草莓的定植1（翻地、施肥、做畦）（考核时间：25 min）

1. 操作条件

（1）50 m² 左右的大棚操作场地。

（2）锹、耙锄等工具。

（3）腐熟有机肥、过磷酸钙或氮磷钾复合化肥。

2. 操作内容

（1）施肥（按每亩 2 000 kg 有机肥、50 kg 过磷酸钙或 60 kg 氮磷钾复合肥料计算三分地的施肥量）。

（2）深翻土地。

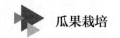

（3）做畦。

3. 操作要求

（1）施肥量要正确。

（2）做到深翻土地，肥料要拌得均匀。

（3）做畦要齐、直、平、细，畦面略呈龟背状。

4. 评分项目及标准

序号	评价要素	考核要求	配分	等级	评分细则
1	施肥	按比例、数量施肥料	5	A	完全正确
				B	—
				C	基本正确
				D	误差较大
				E	完全错误
2	深耕	深耕操作正确	10	A	完全正确
				B	—
				C	基本正确
				D	误差较大
				E	完全错误
3	做畦	按标准做畦（深沟高畦）	15	A	深沟、畦直、土细、畦面呈龟背状4个要求全部达到
				B	深沟、畦直、土细、畦面呈龟背状中达到3个要求
				C	深沟、畦直、土细、畦面呈龟背状中达到2个要求
				D	深沟、畦直、土细、畦面呈龟背状中达到1个要求
				E	沟不深、畦弯、土不细、畦面不呈龟背状
合计配分			30	合计得分	

等级	A（优）	B（良）	C（及格）	D（较差）	E（差或缺考）
比值	1.0	0.8	0.6	0.2	0

"评价要素"得分 = 配分 × 等级比值

【试题五】草莓的定植2（种植）（考核时间：25 min）

1. 操作条件

（1）50 m² 左右的大棚操作场地。

（2）已经施肥、做畦备用的土地。

（3）定植刀、绳、尺、细竹竿等工具。

2. 操作内容

（1）确定行株距（密度）。

（2）定植。

（3）定植后浇水。

3. 操作要求

（1）种植行株距要正确。

（2）种植深度要正确。

（3）浇水要均匀，浇透，不使泥土灌苗心。

4. 评分项目及标准

序号	评价要素	考核要求	配分	等级	评分细则
1	种植	按行株距种植	5	A	完全正确
				B	—
				C	基本正确
				D	误差较大
				E	完全错误
2	定植	按深度要求定植	10	A	正确率在95%及以上
				B	正确率在70%及以上，但未达到95%
				C	正确率在50%及以上，但未达到70%
				D	正确率在20%及以上，但未达到50%
				E	正确率不足20%
3	浇水	符合浇水要求	15	A	浇匀，浇透，不使泥土灌心
				B	浇匀，浇透，有泥土灌心现象
				C	浇匀，浇不透，有泥土灌心现象
				D	浇不匀，浇不透，有泥土灌心现象
				E	浇不匀，浇不透，泥土灌心现象严重
合计配分			30	合计得分	

等级	A（优）	B（良）	C（及格）	D（较差）	E（差或缺考）
比值	1.0	0.8	0.6	0.2	0

"评价要素"得分 = 配分 × 等级比值

【试题六】草莓的定植 3（草莓苗定向）（考核时间：25 min）

1. 操作条件

（1）50 m² 左右的大棚操作场地。

（2）已经施肥、做畦备用的土地。

（3）定植刀、绳、尺、细竹竿等工具。

2. 操作内容

（1）看草莓苗的匍匐茎方向。

（2）看草莓苗的短缩茎的弓与背。

（3）按上述两方面情况进行定向种植。

3. 操作要求

（1）要求草莓苗定向正确。

（2）定向正确率 95% 以上。

4. 评分项目及标准

序号	评价要素	考核要求	配分	等级	评分细则
	定植方向	苗的定向是否正确（50 苗计）	30	A	完全正确
				B	—
				C	基本正确
				D	误差较大
				E	完全错误
合计配分			30	合计得分	

等级	A（优）	B（良）	C（及格）	D（较差）	E（差或缺考）
比值	1.0	0.8	0.6	0.2	0

"评价要素"得分 = 配分 × 等级比值

培训任务五

西瓜、甜瓜病虫害及其防治

引导语

　　要实现西瓜、甜瓜生产的优质、安全和高产，其生产过程中如何安全、科学用药是关键。西瓜、甜瓜的病虫害种类虽然较多，但在防治方面应针对不同病害的发病条件和虫害的生活习惯，贯彻执行"预防为主，综合防治"的原则，把病虫害控制在经济允许值许可的范围内，在化学防治方面必须遵循优先选用生物农药及高效、低毒、低残留农药的原则，做到安全、科学用药，充分发挥农药的效力，减少农药的副作用。本培训任务主要介绍我国，特别是上海地区西瓜、甜瓜生产中主要病害的症状识别、发病条件和防治方法，以及虫害的为害症状、形态特征和防治方法。

学习单元 ①

西瓜、甜瓜病害及其防治

一、苗期病害

西瓜、甜瓜苗期经常发生各种病害，严重时造成大片死苗，甚至毁苗，延误农时。苗期病害主要有猝倒病、立枯病、沤根和枯萎病等。采取综合防治措施，做好苗期病害的防治，培育无病壮苗，是西瓜和甜瓜高产、优质、安全的基础。

1. 症状识别

（1）猝倒病。猝倒病为苗期病害，始发于出苗期，盛发期为1心至1叶1心期。幼苗受害的症状是：在近土面的幼苗胚茎基部先呈水渍状病斑，随后病部变为黄褐色，干枯收缩成线状，在子叶凋萎前，幼苗便猝倒。幼苗发病严重时，苗尚未出土，胚茎、子叶已变褐腐烂。有时带病幼苗外观与健苗无异，但贴伏土面，不能挺立，若仔细检查，可见茎基部已干缩成线状。此病在苗床内迅速蔓延，开始只见个别病苗，几天后便出现成片猝倒。在高温多湿时，病部表面及其附近土表可长出一层白点棉絮状菌丝体。

（2）立枯病。出土前和出土后的幼苗及大苗均可感染立枯病，但发病时间不像猝倒病那样集中，始发于子叶期，盛发期为2叶至4叶期。幼苗受害后，茎基部产生褐色椭圆形或纺锤形凹陷斑。发病初期，幼苗白天叶片萎蔫，晚间恢复正常；以后病斑渐凹陷，扩大到绕茎一周时，茎基部干缩，叶片萎蔫不能恢复，最后幼苗干枯死亡。

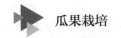

病部有轮纹，病苗上不产生白色絮状霉层，但形成淡褐色蜘蛛网状的菌丝，这是与猝倒病的不同之处。

（3）沤根。沤根的症状是：幼苗出土后不长新根，幼根表面开始为锈褐色，随后腐烂，造成地上部萎蔫枯死，幼苗很容易被拔起。

（4）枯萎病。如幼苗很早就受害于枯萎病，在土中即腐烂而不能出土，或出土后不久顶端呈现失水状，子叶和叶片萎蔫下垂，茎基部变褐色收缩，发生猝倒。倒蔓（蔓茎伸长伏地）前后发病时，最初表现为基部叶片的叶缘变褐色、焦枯，随后出现萎垂，且逐渐向先端发展，萎垂的叶片周缘及先端也变成褐色至黑褐色，5～6 天后则全叶干枯。

2. 发病条件

苗期植株幼嫩，尤其是子叶期，子叶中养分已用尽，而真叶尚未长出、新根尚未扎实、幼茎尚未木栓化，这时遇到低温、阴天多雨、日照不足等不良气候，则幼苗营养消耗大于积累，生长纤弱，最易受到病菌的侵染。一般在地势低洼、土质黏重、管理粗放、用未经消毒的旧床土育苗、施用未腐熟的肥料、播种过密、分苗间苗不及时、苗床保温差、长期捂盖、不通风换气、苗床低温高湿等情况下，幼苗徒长，抗逆性差，而容易在苗期发病。

3. 防治方法

（1）选好苗床。选择地势较高、地下水位低、排水良好的田块作苗床。床土应选用无病新土，以河泥、塘泥等较好。

（2）种子处理和苗床消毒。种子处理可用 50% 多菌灵可湿性粉剂 1 000 倍液浸种 30～40 min，用清水冲净，再催芽，播种，或用 2.5% 咯菌腈悬浮种衣剂（适乐时）等进行拌种，用量为种子量的 0.3%～0.4%。苗床消毒按每平方米苗床用 8～10 g 50% 多菌灵可湿性粉剂混合药剂与 30 kg 细土混匀制成药土，取 1/3 药土铺地，播种后将余下的 2/3 药土盖在种子上，播种后覆膜，保持床土湿润；也可用 50% 敌磺钠可湿性粉剂，每 100 kg 苗床土用药 8～10 g。

（3）加强管理。播种后、出苗前要增温促出苗，出苗后要逐步降温，防止徒长。特别要结合天气变化情况，经常通风换气，降低床内的空气相对湿度，不给病害发生创造适宜条件。尤其在连续阴雨天气、光照不足的情况下，更要抓紧机会通风降湿。苗期浇水不宜过度，避免幼苗徒长。要盖好薄膜、薄席，防止幼苗低温受寒。

（4）药剂防治。发现少量病苗时，应拔除病株，撒施少量干土或草木灰去湿，适当通风降湿，及时分苗，用细竹签疏松床土，降低湿度，局部施药，防止病害扩展。

可选用 2.5% 适乐时悬浮种衣剂 2 000 倍液或 72.2% 霜霉威水剂（普力克）400 ~ 600 倍液，或 25% 嘧菌酯悬浮剂（阿米西达）1 000 ~ 1 500 倍液均匀喷雾。每 7 ~ 10 天喷 1 次，一般喷 1 ~ 2 次。

二、西瓜枯萎病

西瓜枯萎病又称萎蔫病或蔓割病，是西瓜最主要的病害之一。保护地和露地都有发生，且保护地春茬种植发病较重，一般发病株率 5% ~ 30%，严重的棚室病株率可达 50% 以上，使产量损失严重。

1. 症状识别

自幼苗至果实成熟期都可发病。幼苗期发病症状参见第 147 页"一、苗期病害"。

成株期发病，初期通常从基位叶向端位叶发展，同一张叶片由顶部向基部枯萎。病势发展缓慢时，萎垂不显著，瓜蔓生长衰弱、矮化，表现为中午萎垂，早晚可恢复正常，3 ~ 6 天后全株叶片枯萎、死亡。若环境条件有利于病害发生时，病势发展急剧，常有"半边枯"现象出现，或叶和蔓茎突然由下而上全部萎蔫，检视病蔓基部，表皮多纵裂，常伴有树脂状胶质溢出，皮层腐烂，与木质部剥离，根部腐烂易拔起，如图 5-1 所示。在潮湿条件下，病部表面可产生白色或粉红色霉层。剖视病蔓，可见维管束变为褐色。在变褐的维管束内常可镜检到大量菌丝体和小型分生孢子。

图 5-1　西瓜枯萎病的发病症状

2. 发病条件

枯萎病病菌萌发和生长的适宜土温为 24 ~ 30 ℃，生长温度为 5 ~ 35 ℃。西瓜枯萎

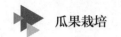

病的发生程度与土壤性质、土壤耕作、灌水、排水、施肥及育苗方式和苗床管理等有密切关系，气候条件对病害也有一定的影响。

各地的调查材料都证实西瓜连作发病重。据上海市农业技术推广服务中心调查，连作第一年的病株率为0%～2%，第二年为10%～20%，第三年上升到30%～50%，第四年有的地块发病率达到78%，有些地块几乎绝收。连茬种植土壤中含菌量大，施用未腐熟带菌的有机肥，管理粗放，地下害虫多，根结线虫多，土壤黏重，棚室潮湿，则发病较重；日照少，连续阴雨天多，地势低洼，植株根系生长不良，氮肥过量而磷、钾肥不足，以及土壤含钙量高的棚室，发病也较重。

3. 防治方法

（1）选用抗病品种。"抗病948""京欣"、电抗988等品种较抗枯萎病，种植时可优先选择。

（2）轮作。轮作周期3～4年，最好与非瓜类作物实行水旱轮作。

（3）合理用肥。用无病土育苗，故堆肥要充分腐熟，不可使用带菌的有机肥，还应增施磷、钾肥，控制施用氮肥。

（4）种子处理。用2.5%咯菌腈悬浮种衣剂（适乐时）浸种，用量为种子重量的0.3%～0.4%；或50%多菌灵可湿性粉剂1 000倍液浸种30～40 min，再催芽、播种。

（5）定植缓苗前或发病初期灌根或喷药。用2.5%咯菌腈悬浮种衣剂（适乐时）1 500倍液，或50%咪鲜胺可湿性粉剂（施保功）1 500倍液，或6%春雷霉素可湿性粉剂150～300倍液，或50%多菌灵可湿性粉剂500倍液灌根或喷药。

（6）土壤消毒。每平方米用50%多菌灵可湿性粉剂8 g处理畦面。定植前每亩用50%多菌灵可湿性粉剂3 kg与细干土混匀，均匀撒入定植穴内。保护地在夏季高温季节，利用日光进行土壤消毒，每亩用1 000 kg稻草或麦秆，铡成4～6 cm长，撒在地面，再均匀撒施石灰氮100 kg或石灰200 kg，翻地，铺膜，灌水，然后密闭大棚或温室15～20天，如此地表土壤温度可以达到70 ℃以上，10 cm土层内温度达60 ℃，对枯萎病及其他土传病害、线虫等均有较好的防治效果。

（7）嫁接换根。利用砧木抗西瓜枯萎病菌的特性，进行瓜苗的嫁接换根是较为理想的防治方法。西瓜嫁接的砧木有葫芦、瓠子、冬瓜、黑子南瓜、南砧1号、南砧2号等。近年来，中国农业科学院郑州果树研究所培育的西瓜专用砧木超丰F1是较好的砧木品种，其亲和力强，嫁接成活率高，不仅对西瓜枯萎病有免疫性，而且对根结线虫、守瓜幼虫也有较好的抗性。嫁接可采用插接法，在西瓜子叶展开、第一片真叶长出和砧木第一片真叶展现时为嫁接适期。

三、西瓜炭疽病

炭疽病是西瓜的重要病害，在保护地和露地均发生较重，且苗期到成株期都可发生，以生长中后期为害较重。该病也是西瓜运输和储藏期引起烂果的主要病害之一。一般炭疽病的发病率为 20%～40%，产量损失 10%～15%，严重的棚室病株率 100%，损失产量 40% 以上。

1. 症状识别

苗期发病，多在子叶边缘出现半圆形黄褐斑，外围常有黄褐晕圈。幼茎发病，在近地面发生红褐色长椭圆形凹陷斑，严重时围绕全茎发展，发病部缢缩。叶柄或瓜蔓发病，初期呈现水渍状浅黄色圆点，稍凹陷，后变黑色，病斑环绕茎蔓一周后整株枯死。叶片染病，初现圆形至纺锤形或不规则形水渍斑点，有时现出轮纹（见图 5-2）；干燥时病斑易破碎穿孔，潮湿时叶面病斑上生出粉红色黏稠物。瓜上发病，则初现水渍状凹陷褐色病斑，病斑龟裂，高湿时病斑中部产生粉红色黏稠物，严重时病斑连片、腐烂。幼瓜染病，呈现水渍状淡绿色圆形病斑，瓜畸形或脱落。

图 5-2　西瓜炭疽病的发病症状（叶片）

2. 发病条件

气温 10～30 ℃均可发病。温度 20～24 ℃、棚室相对湿度 90%～95% 为发病最适条件。相对湿度低于 54% 时，病轻或不发病。重茬、植株生长势弱则发病重。

3. 防治方法

（1）种子消毒。用 55 ℃温水浸种 15～20 min，或用 70% 甲基托布津可湿性粉剂按种子重量的 0.4% 拌种。

（2）农业防治。与非瓜类作物轮作，使用充分腐熟的有机肥，并采用铺地膜、节水灌溉、合理密植和通风降湿等措施。

（3）药剂防治。发病初期棚室用 45% 百菌清烟剂熏烟，每亩用 200~250 g，分别放在棚内 4~5 处，用暗火点燃，发烟时闭棚，熏一夜，次晨通风，隔 7 天再熏一次，或选用 50% 咪鲜胺可湿性粉剂（施保功）1 500~2 000 倍液，或 20% 苯醚甲环唑微乳剂（捷菌）2 000 倍液均匀喷施，每 7~10 天喷 1 次，连续防治 2~3 次。

四、西瓜蔓枯病

蔓枯病是西瓜的常见病害，整个生育期地上各部分均可发病，少数严重发病的棚室减产可达 20% 左右。

1. 症状识别

蔓枯病主要发生在茎蔓上，也侵染叶片和果实。茎蔓上发病时，节附近会产生灰白色、椭圆形至不规则病斑，病斑上密生小黑点，严重时病斑环绕茎及分权处。叶片染病时，病斑呈圆形或不规则形，黑褐色，病斑上生小黑点，湿度大时，病斑迅速扩及全叶，叶片变黑枯死。瓜染病时，开始产生水渍状病斑，随后病斑中央变褐色呈星状开裂，内部呈木栓化干腐，最后腐烂。

2. 发病条件

蔓枯病的发病与温湿度和栽培条件有密切关系。高温、高湿易发病：15 ℃时潜育期 10~11 天，28 ℃时只需 3~5 天；相对湿度 80% 以上易发病。种植密度过大、通风不良、植株生长势差或徒长，在平畦田中植株基部常接触水或土壤高湿时，都容易发病。第二年气候条件适宜时，病菌经风吹、雨溅传播，主要通过伤口、气孔侵入寄主体内。该病可多次重复再侵染，致使田间病害不断蔓延。

3. 防治方法

（1）采种和种子消毒。首先，种子应采自无病株；其次，可将种子浸于 55 ℃温水中，随水温自然下降浸 3~4 h。

（2）加强管理。施足底肥，增施磷、钾肥，高畦栽培，通风降湿，增强植株抗性。

（3）药剂防治。发病初期用 25% 嘧菌酯悬浮剂（阿米西达）1 000 倍液，或 10% 苯醚甲环唑水分散颗粒剂（世高）1 500 倍液，或 70% 甲基硫菌灵可湿性粉剂 500 倍液，均匀喷雾。每 7~10 天喷 1 次，连续喷 2~3 次。刮除茎部病斑后，用 25% 嘧菌酯悬浮剂（阿米西达），或 75% 百菌清可温性粉剂，或 50% 托布津可温性粉剂，或 77% 氢氧化铜可湿性粉剂（可杀得）30～50 倍液涂茎。

五、西瓜白粉病

白粉病俗称"白毛"，是西瓜常见病害之一。苗期至收获期都可发生，以生长后期更易受害。

1. 症状识别

白粉病主要为害叶片，其次是叶柄和蔓茎，果实一般不受害。白粉在叶正面比背面更多一些，发病初期于叶片上产生白色圆形或近圆形的小粉斑（见图 5-3），以后逐渐扩展成直径为 1～2 cm 的圆形白粉斑。初时白粉可以擦去，底部区域组织仍为正常绿色，病菌生长后期细胞营养被长时间掠夺，使细胞受伤害，导致叶片组织变黄干枯。感病品种如遇环境适宜时，白粉斑可迅速扩大，彼此连成一片，致使全叶满布白色粉状物。受害严重的叶片逐渐变黄、卷缩、枯萎，但不脱落。在秋瓜的生长后期老病叶上可以见到霉层中先是黄褐色再转黑褐色的小粒，这便是病菌的闭囊壳（有性子实体）。

图 5-3 西瓜白粉病的发病症状

2. 发病条件

白粉病菌是一类比较耐干燥的真菌，即使空气相对湿度降至 25%，分生孢子仍能萌发，并侵入为害。病害在 10～25 ℃均可发生，高湿有利于孢子萌发和侵入，高温干燥有利于分生孢子繁殖和病情扩展。当高温干燥与高湿条件交替出现，又有大量白粉

病菌源及感病寄主时，病害易流行。

3. 防治方法

（1）加强栽培管理。定植前施足底肥，增施磷、钾肥，培育无病壮苗，注意通风透光，提高植株抗病力。

（2）药剂防治。棚室等保护地定植前，先用硫黄粉或45%百菌清烟剂熏蒸消毒。用硫黄粉熏蒸的方法，即每100 m³用硫黄粉250 g、锯末500 g，盛于花盆内，分放几处，傍晚在密闭条件下点燃锯末熏蒸一夜。熏蒸时大棚、温室等棚室内温度维持在20 ℃左右，这样可以收到减少菌源的效果。

发病初期及时摘除病叶装袋带出棚外，再用药剂防治。可选用10%苯醚甲环唑水分散颗粒剂（世高）1 500倍液，或25%乙嘧酚悬浮剂（粉星）800～1 000倍液，或42.4%唑醚氟酰胺悬浮剂（健达）2 500～5 000倍液喷雾。以上药剂交替作用，每隔7～10天喷1次，连续喷2～3次。

六、西瓜疫病

西瓜疫病是西瓜较严重的一种病害，西瓜生长期若遇上持续多雨，可发生大面积死苗、死蔓和烂果，给西瓜生产造成很大损失。

1. 症状识别

西瓜整个生长期地上部位均可遭受疫病为害，尤以蔓茎基部和嫩茎节部发病较多。幼苗发病，主要发生在近地面的茎基部，初呈暗绿色水渍状斑，后病部逐渐萎缩，生长点及嫩叶迅速萎蔫，致使幼苗青枯而死。成株期发病，主要为害蔓茎的节部，初呈暗绿色水渍状斑，后病部明显缢缩，潮湿时呈暗褐色腐烂，干燥时呈青白色干枯，受害部以上蔓叶枯萎，往往一条蔓茎上可以数处受害。叶片受害，多在叶缘处形成圆形或不规则形的水渍状大斑。果实受害，多发生在花蒂部，初现暗绿色圆形或近圆形的水渍状凹陷斑，可扩及全果。病果皱缩腐烂，有腥臭味，病部表面长有白色霉状物，即为病原菌的菌丝体、孢囊梗及孢子囊。运输和储藏期的果实也可受害而腐烂。

2. 发病条件

西瓜疫病是一种流行性强的病害。在发病适温范围内，雨季的长短、降水量的多少，是病害流行的决定因素。若雨量大、雨日多、空气相对湿度高，则病害发展迅速，因此田间发病高峰往往紧接在雨量高峰之后。病菌发育的温度范围为10～37 ℃，最适温度为25～30 ℃。在适宜的温、湿度条件下，病害的潜育期只需2～3天，病菌再侵染频繁。因此，从田间出现发病中心到普遍发病的时间很短。浇水过多、土质黏重，不利于根系发育，将使植株抗病力降低而发病重。施用未腐熟的有机肥、重茬连作，发病也较重。

3. 防治方法

（1）加强管理。有条件轮作的地区，宜与非瓜类作物实行 3 年轮作，可减轻发病。西瓜地要开深沟、筑高畦，以利于田间排水。加强田间排涝，雨后及时排水，中耕撤墒。进入梅雨季节要敞开畦口，使雨水随流随排，做到畦面不积水。

（2）药剂防治。选用 72% 霜脲·锰锌可湿性粉剂（克露）800 倍液，或 72.2% 霜霉威水剂（普力克）600 ~ 800 倍液，或 52.5% 酮·霜脲氰水分散粒剂（抑快净）喷雾，发现中心病株及时处理病叶、病株，全田药剂保护。

七、西瓜病毒病

西瓜病毒病是西瓜的一种重要病害，发生比较普遍，严重影响西瓜的产量和品质。

1. 症状识别

病毒病的主要症状有花叶型和蕨叶型两种类型。花叶型症状表现为叶色黄绿相间，叶面凹凸不平，新叶畸形，植株先端节间缩短；蕨叶型症状表现为叶片变小，新叶狭长且皱缩扭曲，花器不育，难以坐果，或果实发育不良，形成畸果。发病较轻时，虽可正常结果，但果实变小、甜度降低。

2. 发病条件

气候条件与西瓜病毒病的发生关系密切。高温、干旱、日照强，有利于蚜虫繁殖和迁飞，使病毒病在田间大量传播，同时高温有利于病毒繁殖，使潜育期缩短，田间再侵染次数增加。缺水、缺肥、管理粗放，不利于瓜苗生长发育，而有利于发病。与葫芦科作物邻作，容易使田间杂草丛生，病毒病发病重。

3. 防治方法

（1）培育无病苗。育苗时要及时防蚜，采用种植高秆屏障作物、使用银灰膜或铝箔膜等措施，可以达到避蚜防病的目的。可用 20% 吡虫啉可溶性水剂 7 000 ~ 8 000 倍液，或 3% 啶虫脒微乳剂 500 倍液，或 0.5% 苦参碱水剂 500 倍液喷雾，防治蚜虫。

（2）种子消毒。用 10% 磷酸三钠浸种 10 min，或以 70 ℃恒温处理种子 72 h。种子含水量必须在 10% 以下。高温处理种子时最好设常温处理的对照，以进行发芽对照

试验。

（3）药剂防治。发病初期喷施 8% 宁南霉素（菌克毒克）200 倍液，20% 吗胍·乙酸铜可湿性粉剂（迁毒）300～400 倍液均匀喷雾。隔 10 天左右防治 1 次，连续喷 2～3 次。最好在苗期即开始用以上药剂，则效果更好。

八、西瓜菌核病

西瓜菌核病在江浙一带的苗床和塑料大棚内常有发生，上海市南汇地区也曾发现西瓜菌核病。

1. 症状识别

西瓜植株地上各部均可受害。蔓茎受害时，初出现水渍状小斑，后变为浅褐色至褐色，并环绕全茎。湿度大时，病部软腐，表面长有白色絮状的霉层，即为病原菌的菌丝体。后期可出现黑色鼠粪状的颗粒，即为病菌的菌核，病部以上蔓、叶凋萎枯死。果实受害时，大多发生在有残花的蒂部，先呈水渍状腐烂，长出白色絮状菌丝体，以后在此菌丝体上散生出黑色鼠粪状菌核。

2. 发病条件

西瓜菌核病菌的生长温度为 10～33 ℃，以温度 15～24 ℃、相对湿度 80% 以上为最适发病条件。温度除了影响菌核萌发和子囊孢子的发芽、侵入等，还影响寄主的生长发育。春季低温冻害会使西瓜生长发育受阻，降低抗病性，可加重发病。苏浙及上海一带早播或早定植的西瓜，如遇春季寒流频繁、阴雨连绵的年份，西瓜菌核病往往发生较重；相反，温度偏高、雨日少、雨量小，则发病很轻或不发病。轮作，尤其是与水稻轮作发病更轻。

3. 防治方法

（1）种子及土壤消毒。选用 2 年未种过油菜等十字花科作物的稻田土作床土或营养土，用 30% 霉灵水剂 800 倍液对土壤喷雾，浇透为止。种子用 50 ℃温水浸种 10 min，即可杀死混在种子中的菌核。

（2）加强管理。要做好苗床保温工作，防止冷风或低温侵袭，以免幼苗受冻后抗病性降低。田间发病后，可适当提高棚室内夜间温度，以减少棚室内结露并防止过量灌水。发病的棚室西瓜收获后，要销毁有病瓜蔓并深翻 30 cm，将菌核翻到深层，使其不易萌发出土，或在炎夏灌水 10 天以上，杀死菌核。

（3）药剂防治。田间出现子囊盘时及时喷药，防止植株受子囊孢子侵染。可选用

15% 腐霉利烟熏剂（速克灵）熏烟，也可用 50% 腐霉利可湿性粉剂（速克灵）1 500 倍液，或 50% 异菌脲可湿性粉剂（扑海因）1 000 倍液，或 40% 嘧霉胺悬浮剂（施佳乐）800 ~ 1 200 倍液均匀喷雾。每隔 10 天喷 1 次，连续防治 3 ~ 4 次。

九、西瓜根结线虫病

西瓜根结线虫病在各西瓜产区均有发生。根结线虫属种类多、寄主范围广，除为害西瓜外，还可侵染黄瓜、丝瓜、苦瓜、烟草、甘蔗、大豆、菜豆、油菜、番茄、辣椒、甜菜等，给防治工作带来困难。

1. 症状识别

西瓜根结线虫病仅发生于西瓜根部，且主、侧根均可受害。在受害的主、侧根上形成串珠状根结（虫瘿），使整个根肿大、粗糙、呈不规则状，常在根结外表可见透明胶质状卵囊，剖视根结则可见白色针头状小颗粒，即为雌成虫。根结形成少时，地上部无明显症状，根结形成多、为害严重时，地上部生长不良，中午在太阳强烈照射下，可出现萎蔫。

2. 发病条件

南方根结线虫发育的适宜温度为 25 ~ 30 ℃，10 ℃时即停止活动，55 ℃时经 10 min 死亡。根结线虫在 27 ℃时完成一代需 25 ~ 30 天。线虫多分布在 20 cm 土层内，以 3 ~ 10 cm 土层内数量最多。地势高、土质疏松、微酸性、盐分低等条件适宜线虫活动，利于发病。连茬地发病重，秋茬发病重于春茬。线虫在无寄主条件下，可在土中存活 1 年。

3. 防治方法

（1）加强管理。无病土育苗，深翻土壤 25 cm 以上，将线虫翻到深层，减轻为害。收获后彻底清除病残体并烧毁，绝不可用以沤肥。

（2）土壤消毒。方法详见西瓜枯萎病。

（3）合理轮作。重病棚室改种耐病的甜椒、辣椒、韭菜等蔬菜，可减轻危害。若改种生菜、小白菜、菠菜等生长期短的蔬菜、速生绿叶菜，虽易感病，但对产量影响不大，还可减轻线虫对下茬种植物的危害。

（4）药剂防治。选用 50% 克残磷颗粒剂，每亩用 300 ~ 400 g；或 98% 棉隆颗粒剂，每亩 6 kg，拌在 50 kg 干细土中，撒入田里，深耙 20 cm，用塑料膜覆盖 6 天，再通风 5 天后播种或定植。在发病初期用 1.8% 阿维菌素乳油 1 000 倍液灌根，每株

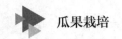

0.5 kg，间隔 10~15 天再灌根 1 次。

十、西瓜果实腐斑病

西瓜果实腐斑病也称为西瓜水渍病、西瓜细菌性斑点病，是一种毁灭性的细菌病害。

1. 症状识别

西瓜果实腐斑病主要为害西瓜果实、幼苗，叶片也可被害。发病初期在果实表面出现许多水渍状暗绿色小斑点，以后逐渐发展扩大为边缘不规则的深绿色水渍状大斑，严重时果实龟裂、腐烂。叶片上的病斑呈水状斑点，并带有黄色晕圈。幼苗被害后可导致叶片干枯，幼苗死亡。一般浅皮瓜比深绿色皮瓜易感病。

2. 发病条件

高湿是造成西瓜果实腐斑病发生和蔓延的主要条件，空气相对湿度高于 70% 或降雨过多的年份和地区往往发病重。该病的病菌在 4~53 ℃内均可生长，适宜温度为 28 ℃左右。该病属于种传性细菌病害，带菌种子是病害传播的主要途径。另外，由于土壤中的病株残体带菌，未腐熟的有机肥料带菌，因此常造成重茬地发病严重。病菌借助于气流或雨水的飞溅和灌溉水传播。

3. 防治方法

（1）加强种子检验检疫，选用无病、抗病良种，并进行种子消毒。将种子放入 55 ℃温水不停搅拌 10~15 min，有子西瓜继续浸泡 4~6 h，洗净种子表面黏液，再用棉质毛巾擦去表面水分，再行催芽、播种。

（2）加强田间管理。要及时排除田间积水，合理整枝，减少伤口。生长期及收获后要清除病蔓、病叶，并深埋。

（3）药剂防治。发病初期，开始喷洒 20% 噻菌铜可湿性粉剂（龙克菌）600~800 倍液，或 77% 氢氧化铜可湿性粉剂（可杀得）400 倍液，或 50% 琥胶肥酸铜（DT）可湿性粉剂 500 倍液，连续防治 3~4 次。

十一、西瓜叶斑病

西瓜叶斑病为西瓜的普通病害，分布较广，发生也较普遍，一般病株率为 5%~10%，在一定程度上降低产量和品质，重症时病株率可达 20% 以上，严重影响西瓜生产。

1. 症状识别

此病全生育期均可发生，叶片、茎蔓和果实都可受害。苗期染病时，子叶和真叶沿叶缘呈黄褐色至黑褐色坏死干枯，最后瓜苗呈褐色枯死。成株染病时，叶片上初生水浸状半透明小点，以后扩大成浅黄色斑，边缘具有黄绿色晕环，最后病斑中央变褐或呈白色破裂穿孔，湿度高时叶背溢出白色菌脓。果实染病时，一开始出现油浸状黄绿色小点，逐渐变成近圆形红褐至暗褐色坏死斑，边缘黄绿色油浸状，随病害发展病部凹陷龟裂呈灰褐色，空气潮湿时病部可溢出白色菌脓。

2. 发病条件

西瓜叶斑病的病菌以菌丝块或分生孢子在病残体上或附着在种子上越冬，第二年条件适宜时产生分生孢子，借气流和雨水传播形成初侵染，多雨高湿利于病害发生与发展。

3. 防治方法

（1）选用无病种子，或用隔年的陈种子，也可用 55 ℃温水恒温浸种 15～20 min 后催芽播种。

（2）重病地区实行与非瓜类蔬菜 2 年以上轮作。

（3）药剂防治。可用 500 g/L 异菌脲悬浮剂（泰美露）1 000 倍液喷雾，或用 30% 霉灵水剂 800 倍液灌根。

十二、西瓜日灼病

西瓜日灼病是常见的非侵染生理性伤害，各地都有零星发生，个别地块或个别品种发病较重，造成一定程度的产量损失。

1. 症状识别

西瓜日灼病多在阴天或雨天后突然暴晴的情况下，或前期管理粗放杂草丛生的地块，在除草后瓜果暴露在阳光下受到直接照射，使向阳面局部烤伤或灼伤坏死，表皮组织褪绿，最后形成大型革质干斑，湿度高时病斑表面腐生杂菌而变褐。

2. 发病条件

西瓜日灼病属生理病害，是因果实表面被较强日光直射，表皮局部温度过高，使

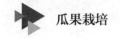

果实向阳的表皮组织坏死所致。

3. 防治方法

（1）适当增大种植密度，使植株叶片相互遮阴。

（2）生长前期加强水肥管理，促使早发秧、植株生长茂密，遮挡住果实，不致受害。

十三、甜瓜蔓枯病

甜瓜蔓枯病又称"油秧""污根"等，是甜瓜最主要的病害之一，严重发病的棚室减产达 30% 左右。

1. 症状识别

蔓枯病在甜瓜一生中的各个部位均可发生，主要为害茎蔓，也为害叶片和叶柄。茎蔓发病时，初期在茎蔓分权部出现浅黄绿色油渍状斑（见图 5-4），以后变成灰白至浅红褐色、不规则坏死大斑，并迅速向各个方向发展，病部常分泌出赤褐色胶状物，干后变成黑褐色块状物。后期病斑干枯凹陷，表面呈苍白色，其上生出黑色小粒点。成株叶上的病斑大多具有不明显的同心轮纹，且病斑有沿叶脉扩展的迹象，发病到一定程度后，病部有黑褐色小点出现。果实染病时，病斑呈圆形，一开始也呈油渍状，浅褐色略下陷，后变苍白色，斑上生有很多小黑点。

图 5-4　甜瓜蔓枯病的发病症状

2. 发病条件

甜瓜蔓枯病的病菌生长温度为 15 ~ 35 ℃，适宜温度为 20 ~ 24 ℃。空气相对湿度高于 85%、平均气温 18 ~ 25 ℃时最适宜发病。种植过密、通风不良、缺肥或偏施氮肥、保护地浇水后长时间闭棚等情况容易诱发此病，连作或平畦地种植也有利于发病。

3. 防治方法

同西瓜蔓枯病。

十四、甜瓜白粉病

甜瓜白粉病在各地普遍发生，发病率 30% ~ 100%，一般减产 10%，严重的棚室减产 50% 以上。除甜瓜外，还为害黄瓜、南瓜、西葫芦、冬瓜和丝瓜等瓜类蔬菜。

1. 症状识别

甜瓜白粉病主要为害叶片、叶柄和茎蔓。发病初期，在中下部叶片上产生白色圆形小粉斑，扩大后可布满整个叶片。病叶褪色变黄，最后呈褐色干枯。粉斑颜色随病害发展而加深，有时在后期叶片表面形成深褐色的小粒点。病害严重时，茎蔓、叶柄也产生与叶片同样的粉斑。

2. 发病条件

同西瓜白粉病。

3. 防治方法

同西瓜白粉病。

十五、甜瓜病毒病

甜瓜病毒病是甜瓜的主要病害，分布广泛，发生普遍。一般病株率 5% ~ 10%，轻度影响甜瓜生产。严重时病株率可达 20% 以上，显著影响甜瓜产量与品质。

1. 症状识别

甜瓜病毒病多表现为全株性发病，发病初期叶片受花叶病毒侵染出现黄绿与浓绿相间的花斑，以后叶片皱缩，变小，凹凸不平或向下扣卷，如图 5-5 所示。随病情发展，瓜蔓扭曲萎缩，植株矮化，幼瓜停止生长，果面上出现浓淡相间的斑纹，或出现轻微瘤状凸起。

图 5-5 甜瓜病毒病的发病症状

2. 发病条件

病毒可由甜瓜种子携带，也可通过棉蚜、桃蚜和机械摩擦传染。高温干旱或强光照有利于发病。发病早晚、轻重与种子带毒率的高低和甜瓜生长期的天气状况有关：种子带毒率高，病害就发生早；生长期天气干燥高温，蚜虫数量就多，病害较重。

3. 防治方法

（1）选择抗病良种。

（2）进行种子消毒。播种前用 10% 磷酸三钠浸种 10 min，然后洗净催芽播种。也可用 70 ℃恒温水处理 7.2 h，种子含水量必须在 10% 以下。最好有常温处理对照，处理后须进行发芽试验。

（3）施足底肥，适时追肥，前期少浇水，多中耕，促进根系生长发育，及时防治蚜虫，早期病苗要尽早拔除。

（4）药剂防治。发病前期至初期可用 8% 宁南霉素水剂（菌克毒克）200 倍液，或20% 吗胍·乙酸铜可湿性粉剂（迁毒）300~400 倍液喷洒叶面，每隔 7~10 天喷 1 次，连续喷施 2~3 次。

十六、甜瓜霜霉病

甜瓜霜霉病是甜瓜的主要病害，分布广泛，各地都有发生，保护地、露地均可发病，多在春末夏初的大棚为害。一般发病率为 10%~30%，严重时可达 90% 以上。一般轻度影响甜瓜生产，个别发病严重的棚室或地块损失可达 30% 以上。此病还侵染多种其他瓜类蔬菜。

1. 症状识别

甜瓜霜霉病从幼苗期到成株期均可发生，仅侵害叶片。发病初期在中下部叶背面形成水渍状斑点，逐渐发展到叶正面褪绿坏死，最后变褐色，形成不规则形的坏死大斑（见图 5-6），潮湿条件下叶背产生紫灰色霉层。叶背病斑周围常形成水渍状深绿色不规则环纹。病叶由下向上发展，特别严重时可造成整株枯死（见图 5-7）。

图 5-6　甜瓜霜霉病的发病症状（叶片）　　图 5-7　甜瓜霜霉病的发病症状（植株）

2. 发病条件

甜瓜霜霉病的病菌在土壤里越冬，借气流和农事操作传播。孢子萌发适温为 15 ~ 22 ℃，在适温下，叶面有水滴即可发病。温度 20 ~ 26 ℃、相对湿度 85% 以上的环境最适宜病菌生长。

3. 防治方法

（1）培育无病壮苗，增施有机底肥，注意氮、磷、钾合理搭配。

（2）发病期适当控制浇水，并注意增加通风，降低空气湿度。

（3）药剂防治。发病初期选用 72.2% 霜霉威水剂（普力克）800 倍液，或 72% 霜脲·锰锌可湿性粉剂（克露）800 倍液喷雾。

十七、甜瓜细菌性角斑病

甜瓜细菌性角斑病发生普遍，一般减产 10%，严重的棚室减产 30% 以上。除为害甜瓜外，还为害黄瓜、冬瓜、丝瓜等瓜类蔬菜。

1. 症状识别

甜瓜细菌性角斑病主要发生在叶片和瓜上。叶片病斑为圆形至多角形、水渍状、灰白色（见图5-8），后期中间变薄、穿孔脱落，病斑背面常有菌脓溢出，干后成为发亮的薄膜。蔓茎、果实上的病斑初为水渍状，圆形或卵圆形，稍凹陷，绿褐色，有时合成大斑，呈黑褐色，皮层腐烂。严重时，内部组织腐烂，有时裂开。病菌可扩展到种子上，使种子带菌。

图5-8 细菌性角斑病的发病症状

2. 发病条件

细菌性角斑病的病菌发育的适宜温度为25~28 ℃，达50 ℃时经10 min可致病菌死亡。低温、多湿条件适于病害发生。如果棚室相对湿度在95%以上且连续几天保持每天6 h以上，会造成叶面大量结露、叶片严重充水或土壤水多，适于病害发生，这样的情况持续1~2周，则病害流行。

3. 防治方法

（1）处理种子，用50~52 ℃的温水浸种30 min后催芽播种。

（2）加强管理，培育无病土壮苗，与非瓜类作物实行两年以上轮作，加强棚室通风降湿，彻底消除病叶、病株并深埋。

（3）药剂防治。发病初期用77%氢氧化铜可湿性粉剂（可杀得）400倍液，或30%琥珀酸铜可湿性粉剂500倍液，或20%噻菌铜可湿性黏剂（龙克菌）600~800倍液喷雾，每隔7~10天喷1次，视病情严重程度，连续喷施2~3次。

十八、甜瓜果腐病

1. 症状识别

甜瓜果腐病为害花和幼果。初期使花器枯萎，有时呈湿腐状，上生一层白霉，即病菌孢囊梗，梗端着生头状黑色孢子。扩展后蔓延到幼果，引致果腐。

2. 发病条件

甜瓜果腐病的病菌主要以菌丝体随病残体或产生接合孢子留在土壤中越冬，第二年春天侵染甜瓜花和幼瓜，发病后病部长出大量孢子，借风雨或昆虫传播。该菌腐生性强，只能从伤口侵入生活力弱的花和果实。棚室栽培的甜瓜，遇有高温高湿及生活力衰弱时，或在低温、高湿、日照不足、雨后积水等条件下，伤口多易发病。

3. 防治方法

（1）选择地势高燥的地块，施足日本酵素菌沤制的堆肥或有机肥，加强田间管理，增强抗病力。

（2）与非瓜类作物实行3年以上轮作。

（3）采用高畦栽培，合理密植，注意通风，雨后及时排水，严禁大水漫灌。

（4）坐果后及时摘除残花病瓜，将其集中深埋或烧毁。

（5）开花至幼果期开始，用72.2%霜霉威水剂（普力克）600～800倍液，或72%霜脲·锰锌可湿性粉剂（克露）800倍液喷雾，每隔7～10天喷1次，视病情严重程度，连续喷施2～3次。

西瓜、甜瓜虫害及其防治

一、瓜蚜

瓜蚜别名棉蚜、腻虫、蜜虫，属同翅目蚜科。

1. 寄主

瓜蚜的寄主植物甚多，主要为害黄瓜、南瓜、西葫芦、西瓜和冬瓜等，还为害茄科、豆科、菊科等蔬菜。成蚜及若蚜群集在叶背、嫩茎、花蕾和嫩尖上刺吸汁液，分泌蜜露（见图5-9）。瓜苗嫩叶及生长点被害后，叶片卷缩，瓜苗萎蔫，甚至整株枯死。成株叶片受害后，提前枯黄、落叶，缩短结瓜期，造成减产。此外，瓜蚜还能传播病毒病。

2. 形态特征

无翅孤雌蚜体长 1.5～1.9 mm，体色变化较大，夏季多为黄色或黄绿色，春秋季为深绿色或蓝黑色，体表被有霉状薄蜡粉。前胸背板与中胸背板有断续黑灰色斑，后胸背板斑小。腹管黑色或青色，呈圆筒形，基部略宽，上有瓦砌纹。尾片黑色，乳头状，两侧各具毛3根。有翅孤雌蚜体长 1.2～1.9 mm，头、胸部黑色，腹部黄、浅绿或深绿色，腹部斑纹较多且很明显，翅无色、透明，腹管、尾片同无翅孤雌蚜。

瓜蚜的卵为长椭圆形，长 0.5～0.7 mm。初产时黄绿色，后变为漆黑色，有光泽。

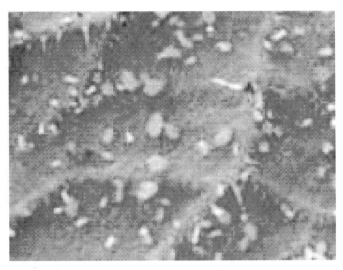

图 5-9　瓜蚜的为害症状

3. 防治方法

（1）物理防治。用银灰色薄膜进行地面覆盖，忌避蚜虫。

（2）农业防治。有条件的地区，在瓜田、菜田内种植玉米等高秆作物，阻挡蚜虫的迁飞和扩散。

（3）生物防治。保护地可在蚜虫发生初期释放蚜茧蜂。

（4）化学防治。在田间蚜虫点片发生阶段要注意早期防治。可选用 10% 吡虫啉可溶性水剂 1 500 倍液，或 20% 啶虫脒乳油 500 倍液，或 1.8% 阿维菌素乳油 1 000 ~ 2 000 倍液，或 25% 噻虫嗪水分散粒剂（阿克泰）5 000 ~ 6 000 溶液，或 0.5% 苦参碱水剂 500 倍液均匀喷雾，连续用药 2 ~ 3 次，用药间隔期 7 ~ 10 天。

二、烟粉虱

烟粉虱（瓜农习惯上称白粉虱）是一种寄主范围广、传播和蔓延速度快、繁殖能力强、为害程度高、防治难度较大的危险性害虫，在适宜的寄主植物上具有趋嫩性，成虫喜聚集在植物顶部嫩叶背面活动，在植物的中下部叶片主要是卵及若虫。

1. 寄主

烟粉虱的寄主主要是十字花科、葫芦科、豆科、茄科、锦葵科等多种蔬菜和其他一些作物。

烟粉虱对植物的为害主要有三个方面：一是成虫、若虫刺吸植物汁液（见图 5-10），造成寄主营养缺乏，影响正常的生理活动，使受害叶片褪绿、萎蔫直至死亡；

二是成虫可作为植物病毒的传播媒介，传播病毒病；三是由于其分泌蜜露，引起被害植物煤污病的发生，虫口密度高时，叶片呈现黑色，影响光合作用和外观品质。

图 5-10　烟粉虱的为害症状

2. 形态特征

成虫体长 1 mm，白色，翅透明，具白色细小粉状物，停息时双翅在体上合成屋脊状。蛹长 0.55～0.77 mm，宽 0.36～0.53 mm。背部刚毛较少，4 对，蜡孔少。头部边缘圆形，较深弯。胸部气门褶不明显，背中央具疣突 2～5 个。侧背腹部具乳头状突起 8 个。侧背区微皱不宽，尾脊变化明显。

烟粉虱的年生活史：卵→若虫→成虫，有时胎生，有时卵生。一年可发生 11～15 代，世代重叠。在不同寄主植物上发育时间有差异，在 25 ℃条件下从卵发育成成虫只需 16～21 天，在 15 ℃下需 100 天。成虫的寿命一般为 10～22 天，每头成虫平均产卵 160 粒，26～28 ℃为最适温度。

3. 防治方法

（1）收获后彻底清理田间杂草和植物残体，减少田间虫源。

（2）合理布局，实行与非喜食寄主轮作，避免茄科类、瓜豆类、十字花科叶菜类相互混栽套种。

（3）早期挂黄板诱杀或架黄盆诱杀。

（4）化学防治。刚发现虫情时，即用 3% 啶虫脒微乳剂 500 倍液，或 1.8% 阿维菌素乳油 1 000～2 000 倍液，或 25% 噻虫嗪水分散粒剂（阿克泰）5 000～6 000 倍液均匀喷雾，隔 10 天左右喷一次，连续防治 2～3 次。

三、美洲斑潜蝇

美洲斑潜蝇属双翅目潜蝇科,是世界性危险性害虫。1993 年 12 月在海南省三亚市瓜豆类作物上首次发现,迅速向省内扩散,并向省外蔓延。1995 年疫情发展到 22 个省、自治区、直辖市。

1. 寄主

美洲斑潜蝇的主要寄主有西葫芦、黄瓜、甜瓜、丝瓜、西瓜、茄子、番茄、豇豆、刀豆、扁豆、青菜、甘蓝及一些花卉、野生植物等 120 余种植物,寄主范围还有扩大的趋势。受害严重的豆类、黄瓜、番茄、茄子等虫株率达 100%,叶片受害率 70%,一般每叶有虫 20 ~ 30 头,最多 250 头。产量损失可达 10% ~ 30%,严重的可减产 50% 以上,甚至绝收。

美洲斑潜蝇的成虫、幼虫均可为害,但以幼虫为主。雌成虫刺伤叶片取食和产卵。幼虫潜入叶片、叶柄蛀食,形成不规则的蛇形白色虫道,终端明显变宽,如图 5-11 所示。受害叶片的叶绿素被破坏,影响光合作用,严重时叶片脱落。

图 5-11 美洲斑潜蝇的为害症状

2. 形态特征

成虫为体长 1.3 ~ 2.3 mm、翅展 1.3 ~ 1.7 mm 的小型蝇类,淡灰黑色,胸背板亮黑色,体腹面黄色,雌虫比雄虫稍大。卵大小为(0.2 ~ 0.3)mm ×(0.1 ~ 0.15)mm,米色,半透明。幼虫共三龄,长约 3 mm,蛆状,初孵无色,渐变淡橙色,后期变为橙黄色,后气门呈圆锥状突起,顶端三分叉,各具一开口。蛹椭圆形,腹面稍扁平,大小为(1.7 ~ 2.3)mm ×(0.5 ~ 0.75)mm,橙黄色。

3. 防治方法

(1)严格检疫。为防止美洲斑潜蝇扩散蔓延,若北运蔬菜、切花中发现有幼虫、卵或蛹,要就地处理。

(2)农业防治。可采用以下措施:调整作物种植布局,将斑潜蝇嗜食的瓜类、茄果类、豆类与非寄主作物套种或轮作;合理密植,增强田间通透性,促进植株生长,增强抗虫性;清理田园,彻底清除虫株、虫叶并深埋或烧毁,以消灭虫源。

（3）物理防治。用黄板或黄色诱虫黏纸诱集成虫，虫量大的地区要安装防虫网，防止斑潜蝇侵入棚室为害。

（4）生物防治。应推广 B.T. 类、杀虫素、烟碱等生物农药，以保护天敌的安全和促进天敌种群繁殖。

（5）化学防治。可选用 75% 灭蝇胺可湿性粉剂（潜克）2 000 倍液，或 1.8% 阿维菌素乳油 1 000～2 000 倍液均匀喷雾。

四、瓜螟

瓜螟又称瓜绢螟、瓜野螟，属鳞翅目螟蛾科。

1. 寄主

瓜螟主要为害丝瓜、苦瓜、节瓜、甜瓜、西瓜、茄子、番茄和土豆等多种作物。瓜螟本是一种次要害虫，但自 20 世纪 80 年代中后期推广周年栽培以来，瓜螟获得了丰富的寄主条件，其发生与为害逐年加重，特别在秋季黄瓜上为害，严重时有虫叶率可达 60% 以上，百叶虫量超过百头，破叶率在 30% 以上，瓜条的受害率也可高达 50% 以上。

幼龄幼虫在叶背啃食叶肉，呈灰白斑（见图 5-12），三龄后吐丝将叶或嫩梢缀合，匿居其中取食，使叶片穿孔或缺刻，严重时吃光叶片仅留叶脉。幼虫常蛀果实、花和茎蔓，严重影响瓜果的产量和质量。

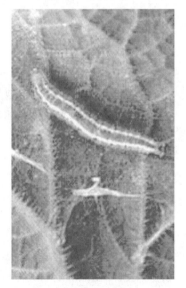

图 5-12　瓜螟的为害症状

2. 形态特征

成虫体长 11～12 mm，翅展 22～25 mm。头、胸部黑褐色，腹部背面除第五、第六节黑褐色外，其余各节白色。卵为椭圆形，扁平，淡黄色，表面布有网纹。幼虫共 5 龄，老熟幼虫体长约 26 mm，头部、前胸背板淡褐色，胸腹部草绿色，亚背线呈两条较宽的白色纵带，化蛹前消失，气门黑色。蛹长约 15 mm，深褐色，头部光整尖瘦，翅伸及第五腹节，外被薄茧。

3. 防治方法

（1）农业防治。采收完毕后，要及时清理残株落叶，消灭枯叶、残株中留有的虫、蛹，减少田间虫口密度或越冬基数。

（2）化学防治。在低龄幼虫高峰期开始用药防治，可选用 150 g/L 茚虫威悬浮剂（安打）3 500 ~ 4 500 倍液，或 3% 甲氨基阿维菌素苯甲酸盐微乳剂 3 000 ~ 5 000 倍液，或 5% 氯虫苯甲酰胺悬浮剂（普尊）1 500 倍液喷雾。

五、斜纹夜蛾

斜纹夜蛾又名莲纹夜蛾，属鳞翅目夜蛾科，是一种杂食性、暴发性害虫。

1. 寄主

斜纹夜蛾的主要寄主作物有甘蓝、青菜、茄子、辣椒、番茄、豆类、瓜类、葱、米苋、土豆、藕以及草等。斜纹夜蛾的幼虫食害叶片，严重时可吃光叶片，4 龄以下还可鲜食甘蓝、大白菜等的菜球和茄子等多种作物的花和果实，造成烂菜、落花、落果、烂果等。取食叶片造成的伤口和污染易使植株感染软腐病。斜纹夜蛾的为害症状如图 5–13 所示。

图 5-13　斜纹夜蛾的为害症状

2. 形态特征

成虫体长 14 ~ 20 mm，翅展 30 ~ 35 mm。全身暗褐色，仅胸背有白色丛毛。前翅灰褐色，内横线与外横线灰白色，波浪形，中间有白色条纹，在环状纹及肾形纹之间有三条白线组成的斜纹，自前缘至后缘外方。后翅白色，无斑纹。前后翅常有水红色至紫红色闪光。卵略扁，半球形，直径约 0.5 mm，表面有纵棱和横纹。初产时黄白色，后变为灰黄色，将孵化时呈紫黑色。卵成块，每块数十粒至几百粒，不规则重叠排列 2 ~ 3 层，外面覆盖黄白色绒毛。幼虫体色因龄期、食料、季节而变化，初孵幼虫绿色，2 ~ 3 龄时黄绿色，老熟幼虫黑褐色。背线、亚背线橘黄色，沿亚背线上缘，每节两侧各有一半月形黑斑，以第一、第七、第八节上黑斑最大，在中、后胸黑斑外侧有黄色小点，此为该幼虫独有的特征。气门褐色，气门线上有黑点。成熟幼虫长 38 ~ 51 mm。蛹长 18 ~ 20 mm，赤褐色，圆筒形，气门黑褐色。腹部 4 ~ 7 节背面及 5 ~ 7 节腹面前缘密布圆形刻点，末端有臀棘一对。气门前缘宽，后缘锯齿状，其后有一凹陷空腔，比气门稍小。

3. 防治方法

（1）农业防治。清除杂草，结合田间作业摘除卵块及幼虫扩散为害前的被害叶。

（2）化学防治。应掌握在 2 龄幼虫分散前喷药。根据斜纹夜蛾幼虫昼伏夜出的特性，在傍晚 6 时施药效果最好。可选用 5% 氟虫脲乳油 1 500～2 000 倍液，或 150 g/L 茚虫威悬浮剂（安打）3 500～4 500 倍液，或 3% 甲氨基阿维菌素苯甲酸盐微乳剂 3 000～5 000 倍液，或 20 亿 PIB/mL 甘蓝夜蛾核型多角体病毒（康邦）300～500 倍液均匀喷雾。

六、叶螨

叶螨俗称红蜘蛛、火龙，属蛛形纲前气门目叶螨科，常见的种类有 3 种。

1. 寄主

叶螨的寄主范围广，成、幼螨在叶背的叶脉附近取食汁液。叶螨虽不引起破叶等症状，但危害性远比一般害虫大，稍有疏忽，常造成小虫闹大灾的悲剧。叶螨的为害症状如图 5-14 所示。

图 5-14 叶螨的为害症状

2. 形态特征

叶螨体躯由头胸部与腹部两部分组成，体躯不见明显的体节。叶螨没有触角，螯肢是第 2 头节的附肢。幼螨具 3 对足，若螨和成螨都是 4 对足。口器为刺吸式，位于体躯前端。有眼 2 对，位于前半体背面，红色。背毛和肛毛共 14 对，爪间突分裂成 2～3 对刺毛，无爪状部分（这点不同于爪螨类）。

3. 防治方法

（1）农业防治。利用播前空隙时间进行深耕灌水灭虫。

（2）田间管理。加强栽培管理，及时松土，合理灌溉和施肥，促进植株健壮，增强抗虫灾能力。

（3）化学防治。对虫情发生早的田块抓早期挑治，以压低虫口密度。可用 15% 哒螨灵乳油 1 000 倍液，或 1.8% 阿维菌素乳油 1 000 ~ 2 000 倍液，或 5% 噻螨酮乳油（尼索朗）1 500 倍液均匀喷雾。

七、小地老虎

小地老虎俗称地蚕、切根虫等，全国各地都有分布，它的食性极杂。

1. 寄主

小地老虎主要为害各种蔬菜、瓜果、玉米等幼苗，切断幼苗近地面的茎部，造成缺苗断垄，严重时断苗率可达 50% ~ 70%。小地老虎在江浙沪地区每年发生 4 ~ 5 代，以第一代幼虫为害较严重。成虫夜间活动，交配产卵。卵多产在 5 cm 以下矮小杂草上，卵散生或成堆，每头雌虫平均产卵 800 ~ 1 000 粒。成虫对黑光灯及糖醋酒液有较强的趋性。幼虫共 6 龄，3 龄前在地面、杂草或寄主幼嫩部位取食，为害较小；3 龄后白天潜伏在土表中，夜间为害，行动敏捷，虫量大时互相残杀。小地老虎喜温暖潮湿环境，发育适宜温度为 13 ~ 25 ℃。

2. 形态特征

成虫体长 16 ~ 23 mm，翅展 40 ~ 45 mm，体暗褐色，内外横线均为双线黑色，呈波浪形，将翅分成三等份。前翅中室附近有一个环形斑和一个肾形斑，肾形斑外侧有一明显的黑色三角形斑纹，尖端向外，在亚外缘线内有两个尖端向内的黑色三角形斑纹。后翅灰白色，腹色灰色。雄蛾触角为羽毛状，雌蛾触角为丝状。幼虫共 6 龄，老熟幼虫体长 37 ~ 42 mm，体色为灰褐色至黑褐色，臀板黄褐色，有明显的八字黑褐色斑纹。

3. 防治方法

（1）农业防治。早春时清除田块周围杂草，防止小地老虎成虫产卵。

（2）化学防治。用毒饵诱杀幼虫，或用草堆诱杀幼虫。选择小地老虎喜食的灰菜等堆成杂草堆，诱集小地老虎幼虫，进行人工捕捉或拌入药剂毒杀。小地老虎的 1 ~ 3

龄幼虫对药剂较敏感，且暴露在寄主植物或地面上，为药剂防治适期，一般的杀虫剂都可将其杀死。可使用苏云金杆菌 500～1 500 倍液，或 2.5% 多杀霉素悬浮剂（菜喜）1 000～1 500 倍液，或 10% 虫螨腈悬浮剂（除尽）1 200～1 500 倍液喷雾杀虫。

八、蝼蛄

蝼蛄均属直翅目蝼蛄科，俗称拉拉蛄、拉蛄、土狗子等。国内的蝼蛄有 4 种。

1. 寄主

蝼蛄的成虫和若虫均在土壤中咬食刚播下的西瓜、甜瓜种子，还喜欢咬食刚发芽的西瓜、甜瓜种子和幼苗，使幼苗枯死。蝼蛄活动能将土表拱窜成许多纵横隧道，使西瓜、甜瓜幼苗与土层分离，导致幼苗因失水干枯而死苗，造成大片缺苗断垄。在温室或保护地内，由于土温、气温都比较稳定，更适宜蝼蛄活动，加上幼苗集中，因此受害更重。

2. 形态特征

蝼蛄成虫身体为黄褐色，全身密布细茸毛。前足发达，为开掘足。前翅为卵椭圆形，后翅卷折成筒形，长度超过腹部尖端，夹在两尾须之间，展开则呈扇形。

初孵化后的蝼蛄若虫，头细长，腹肥大，复眼红色，行动缓慢，2～3 龄后体色变深近似成虫，有翅芽。

3. 防治方法

（1）农业防治。中耕除草，春、夏挖毁蝼蛄窝，可消灭部分成虫、若虫和卵块。

（2）化学防治。用毒谷或毒饵诱杀，即用 50% 辛硫磷乳油或晶体敌百虫与煮成半熟的谷秕或麦麸、豆饼、棉籽制成毒谷、毒饵，在无风闷热的傍晚撒在西瓜、甜瓜垄边或蝼蛄经常出没活动的隧道处效果更好。

一体化鉴定模拟试题

【试题一】西瓜主要病虫害识别（考核时间：25 min）

1. 操作条件

（1）50 m² 左右的教室或 100 m² 左右的操作场地。

（2）识别病害的实物、照片或放映幻灯片的设备等。

（3）放置实物或标本的操作台若干。

2. 操作内容

（1）识别西瓜病害四种及常用药剂。常见西瓜病害：西瓜枯萎病、西瓜蔓枯病、西瓜白粉病、西瓜疫病、西瓜病毒病。

（2）识别西瓜虫害两种及常用药剂。常见西瓜虫害：蚜虫、红蜘蛛、美洲斑潜蝇。

3. 操作要求

（1）根据实物标本、照片或幻灯片回答所指出的病害或虫害。

（2）根据所回答的病虫害名称指出用何种药剂防治（1~2 种药剂）。

4. 评分项目及标准

序号	评价要素	考核要求	配分	等级	评分细则
1	病害识别	识别西瓜病害	10	A	能正确识别 4 种以上（含 4 种）病害
				B	能正确识别其中 3 种病害
				C	能正确识别其中 2 种病害
				D	能正确识别其中 1 种病害
				E	不能识别
2	虫害识别	识别西瓜虫害	10	A	能正确识别 2 种以上（含 2 种）虫害
				B	能正确识别其中 1 种虫害，经提示可再识别 1 种虫害
				C	能正确识别其中 1 种虫害
				D	经提示可识别其中 1 种虫害
				E	不能识别

续表

序号	评价要素	考核要求	配分	等级	评分细则
3	药剂防治	指出防治每个病害、虫害的药剂名称	10	A	全部正确
				B	有 1~2 个错误
				C	有 3~4 个错误
				D	有 5~7 个错误
				E	有 7 个以上错误
合计配分			30	合计得分	

等级	A（优）	B（良）	C（及格）	D（较差）	E（差或缺考）
比值	1.0	0.8	0.6	0.2	0

"评价要素"得分 = 配分 × 等级比值

【试题二】甜瓜主要病虫害识别（考核时间：25 min）

1. 操作条件

（1）50 m² 左右的教室或 100 m² 左右的操作场地。

（2）识别病害的实物、照片或放映幻灯片的设备等。

（3）放置实物或标本的操作台若干。

2. 操作内容

（1）识别甜瓜病害四种及常用药剂。常见甜瓜病害：甜瓜枯萎病、甜瓜蔓枯病、甜瓜白粉病、甜瓜疫病、甜瓜细菌性角斑病。

（2）识别甜瓜虫害两种及常用药剂。常见甜瓜虫害：蚜虫、叶螨（红蜘蛛）、美洲斑潜蝇。

3. 操作要求

（1）根据实物标本、照片或幻灯片回答所指出的病害或虫害。

（2）根据所回答的病虫害名称指出用何种药剂防治（1~2 种药剂）。

4. 评分项目及标准

序号	评价要素	考核要求	配分	等级	评分细则
1	病害识别	识别甜瓜病害	10	A	能正确识别 4 种以上（含 4 种）病害
				B	能正确识别其中 3 种病害
				C	能正确识别其中 2 种病害
				D	能正确识别其中 1 种病害
				E	不能识别
2	虫害识别	识别甜瓜虫害	10	A	能正确识别 2 种以上（含 2 种）虫害
				B	能正确识别其中 1 种虫害，经提示可再识别 1 种虫害
				C	能正确识别其中 1 种虫害
				D	经提示可识别其中 1 种虫害
				E	不能识别
3	药剂防治	指出防治每个病害、虫害的药剂名称	10	A	全部正确
				B	有 1~2 个错误
				C	有 3~4 个错误
				D	有 5~7 个错误
				E	有 7 个以上错误
合计配分			30	合计得分	

等级	A（优）	B（良）	C（及格）	D（较差）	E（差或缺考）
比值	1.0	0.8	0.6	0.2	0

"评价要素"得分 = 配分 × 等级比值

培训任务六

草莓病虫害及其防治

引导语

由于草莓是直接供人们鲜食的，因此对草莓生产过程中的病虫害防治应坚持"预防为主，综合防治"的原则，既要将其控制在最小的范围内和最低的水平下，又要使草莓正常生长，产出洁净产品，不危害人体健康。因此，采取科学合理的病虫害防治方法是草莓生产获得高产、优质、高效的重要保证。本培训任务主要介绍我国，特别是上海地区草莓主要病害的症状识别、发病条件和防治方法，以及主要虫害的形态特征、为害症状和防治方法。

学习单元 ①

草莓病害及其防治

一、草莓炭疽病

1. 症状识别

草莓炭疽病是匍匐茎抽生期与育苗期发生严重的病害，近年来在定植后的田间也时有发生，某些产区在定植后因炭疽病造成大量死苗，损失惨重。该病主要为害匍匐茎与叶柄，叶片、托叶、花、果实及短缩茎也可感染。发病初期，病斑呈水渍状、纺锤形或椭圆形，直径为 3~7 mm，随后病斑变为褐色，边缘红棕色。叶片、叶柄上的病斑相对规则整齐，很易识别。匍匐茎、叶柄上的病斑可扩展成环形圈，其上部萎蔫枯死。湿度高时，病部可见蛙肉色胶状物，即分生孢子堆。该病除引起局部病斑外，还易导致感病品种尤其是子苗萎蔫，初期 1~2 片展开幼叶失水下垂，傍晚或阴雨天仍能恢复原状，当病情加重后，则全株枯萎至死。此时若切断根冠部，可见横切面上自外向内发生褐变，但维管束未变色。

2. 发病条件

草莓炭疽病的病原菌在致病的茎叶上越冬，主要由雨水等分散传播。发病适温为 28~32 ℃，属高温型，高温加上高湿则病害发生更为严重。1991年上海地区首次发现草莓炭疽病，其发病适期在匍匐茎大量抽生的 5—8 月，随后在定植后的田间也发现该病的存在，导致定植苗大量烂心死亡，而病原菌主要来自育苗圃。就上海及国内大部

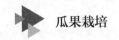

分草莓产区而言，炭疽病尚未成为突出病害，但多年连作的苗圃中该病的发生率正在上升，尤其是5—8月高温多湿季节，发生更为严重，某些感病品种几近毁灭，给培育壮苗带来严重障碍。品种间抗病性差异明显，宝交早生、早红光、甜查理、卡麦若莎等抗病性强，丰香抗病性中等，丽红、女峰、春香均易感病（见表6-1）。

表6-1　　　　　　　　喷雾接种后品种间发病度的差异

项目	女峰	春香	早红光	丰香	宝交早生
接种后第5天发病指数	1.05	0.85	0	0.60	0
接种后第5天枯死株率	30.0%	10.0%	0	20.0%	0
接种后第7天发病指数	3.95	3.05	1.00	2.60	0
接种后第7天枯死株率	70.0%	50.0%	20.0%	50.0%	0
接种后第10天发病指数	4.30	5.00	2.15	3.55	0
接种后第10天枯死株率	80.0%	100.0%	40.0%	60.0%	0

3. 防治方法

草莓炭疽病的药剂防治相当困难，可从以下几个方面加以预防：

（1）选择抗病性强的品种，如宝交早生、早红光、明宝等。

（2）避免苗圃地多年连作，尽可能实施水旱等轮作制。

（3）注意清园，及时摘除病叶、病茎、枯老叶等带病残体，并妥善处理。

（4）移栽时可用12.5%氟环唑悬浮剂（欧博）3 000～4 000倍液，或代森联水分散粒剂（百泰）800～1 000倍液浸苗或灌根。选用25%吡唑醚菌酯（凯润）1 500～2 000倍液，或25%嘧菌酯悬浮剂（阿米西达）1 000～1 500倍液，或10%苯醚甲环唑水分散粒剂（世高）1 000～1 500倍液均匀喷雾。

二、草莓白粉病

1. 症状识别

草莓白粉病广泛发生于保护地栽培，在某些特殊年份，甚至可上升为最严重的病害。主栽品种丰香对白粉病的抗性弱，近10年来，白粉病已成为丰香最严重的病害之一，给生产造成了极大损失。

草莓白粉病主要为害叶、果实、果梗，叶柄、匍匐茎上很少发生。发病初期，叶背局部出现薄霜似的白色粉状物，以后迅速扩展到全株，随着病势的加重，叶向上卷曲，呈汤匙状。花蕾、花感病后，花瓣变为红色，花蕾不能开放。若果实感染此病，果面将覆盖白色粉状物，幼果呈现红色僵硬状，果实膨大停止，着色差且不均匀，几乎失去商品价值。

2. 发病条件

草莓白粉病病原菌与瓜果类的白粉病有别。草莓白粉病最初多发生在葡匐茎抽生及育苗期，以后各种保护地栽培类型都有发生，在覆盖塑料薄膜后可出现两次发病高峰，特别是经高寒冷地育苗、株冷藏处理的，比平地更适宜发病。该病发生适温为15～25 ℃，空气湿度80%～100%时，病菌大量繁殖，遮光可加速孢子的形成。病菌周年生活于草莓植株，春秋分生孢子飞散到空气中传播。

气温20 ℃左右时，连绵阴雨、灌水过多、植株生长过于繁茂等多湿状态是诱导白粉病多发的条件（见表6-2）。

表6-2　　　　　　　　白粉病的发生与灌水量的关系

		3月9日	3月24日	4月7日	4月21日	5月8日
多灌水	病叶率	2.2%	3.1%	2.5%	20.7%	44.7%
	病果率	0	0	0	0	11.2%
中灌水	病叶率	1.7%	2.7%	4.5%	5.7%	23.2%
	病果率	8.3%	0	0	0	11.0%
少灌水	病叶率	1.7%	1.6%	2.9%	2.7%	4.9%
	病果率	0	0	0	0	9.0%

3. 防治方法

药剂对白粉病的防治效果较好，但如果病势已严重蔓延，则完全防治相当困难，药剂的彻底防治应把握在病发初期。此外，尽早消除发病环境是防治该病的重要环节，以预防为主。主要防治措施如下。

（1）摘除病叶、病果并深埋。

（2）保证行间通风透气，降低空气湿度。

（3）合理施肥，避免氮肥过多。

（4）药剂防治。可选用40%腈菌唑可湿性粉剂（信生）5 000～6 000倍液，或300 g/L醚菌·啶酰菌悬浮剂（翠泽）1 000～1 200倍液，或42.8%氟菌·肟菌酯悬浮剂（露娜森）3 000倍液均匀喷雾。也可用45%百菌清烟熏剂熏烟，每亩用200～250 g，

闭棚熏一夜，次晨通风。

开花期喷药时容易增加畸形果的比例，应十分注意喷药浓度及当时的温度。尽量避免在开花期喷药，以防药害。喷药质量特别重要，应尽量将药水喷洒在叶片的背面。

三、草莓灰霉病

1. 症状识别

草莓灰霉病是露地及半促成栽培中最重要的病害，露地栽培发生更多，在我国各草莓产区为害均十分严重。

草莓灰霉病主要为害果实，花瓣、花萼、果梗、叶及叶柄均可感染。果实发病常在近成熟期。发病初期，受害部分出现黄褐色小斑，斑点呈油渍状，后扩展至边缘棕褐色、中央暗褐色病斑，且病斑周围呈明显的油渍状，最后全果变软腐烂。病部表面密生灰色霉层，湿度高时，长出白色絮状菌丝。花、叶、茎受害后，患处变为褐色至深褐色，油渍状，严重时受害部位腐烂；湿度高时，病部亦会产生白色菌丝。

2. 发病条件

在气温 18～20 ℃、高湿条件下，草莓灰霉病病原菌大量繁殖。病原菌在受害植物组织中越冬，孢子广泛飞散于空气中传播。气温 20 ℃左右、阴雨连绵、灌水过多、地膜上积水、种植畦上覆盖稻草、种植密度过大、植株生长过于繁茂等持续多湿环境，容易导致灰霉病的大发生。上海地区大棚栽培草莓的发病初期常在 1 月，2 月初在高温下蔓延，3—4 月为发病高峰；半促成栽培草莓的发病盛期在 4 月；露地栽培的发病高峰在果实收获期的 5 月。

3. 防治方法

（1）注意栽植密度，避免过量施用氮肥，防止植株过度茂盛，并控制好温度。

（2）及时摘除病叶、病果并深埋，以免再侵染。

（3）保证棚内和行间通风透光，降低湿度，避免出现长时间的高湿状态。

（4）采用地膜覆盖，烂果率可减少 30% 以上。若用稻草代替地膜时，应防止土壤湿度过高。

（5）药剂防治。用 50% 啶酰菌胺水分散粒剂（凯泽）1 000～1 500 倍液，或 40% 嘧霉胺（施佳乐）1 000 倍液，或 1 000 亿孢子 /g 枯草芽孢杆菌可湿性粉剂 1 000 倍液均匀喷雾。一般每 7～10 天喷 1 次，连续防治 2～3 次。

（6）烟熏法。每亩用 10% 腐霉利烟剂 200～250 g，点燃烟熏 3～4 h。

四、草莓病毒病

1. 症状识别

草莓是极易遭受病毒病侵染的作物。一般而言，带病株表现为：植株个体矮化，叶片变小，小叶周边锯齿锐尖；心叶时有黄化；开花期提早，果实小，产量降低；匍匐茎抽生困难，抽发数大量减少。实际上，人们在草莓栽培实践中早已发现上述现象，但最初不明起因，于是统称为"种性退化"。大约在 20 世纪 20 年代，欧美科学家开始研究草莓病毒病，确认"种性退化"主要由病毒病引起，并认为蚜虫是传播病毒病的主要媒介。20 世纪 50 年代日本也发现草莓病毒病的广泛存在，其全国各地出现的植株长势减弱及果实变小、产量降低多为病毒病所致。自 20 世纪 80 年代以来，我国的草莓生产获得蓬勃发展，栽培面积不断扩大，但不少地区已经发现因病毒病所引起的"种性退化"，果实的产量与质量逐年变差，老区比新区严重，老品种较新品种问题更突出。

2. 发病条件

草莓病毒病是病毒引起草莓植株发病的总称，它的发病主要靠病毒的传播，在栽培种上表现的病征大致可分为两大类，即黄化型与缩叶型。目前已知侵染草莓的病毒多达数十种，其中草莓斑驳病毒、草莓皱缩病毒、草莓轻型黄边病毒、草莓镶脉病毒是分布广、为害严重的 4 种病毒，表现性状分述如下：

（1）草莓斑驳病毒。该病毒单独侵染草莓栽培种时，植株无明显症状，但与镶脉病毒和黄边病毒复合侵染时，植株严重矮化。在指示植物上病状容易表现。此病除昆虫传染外，还可通过嫁接与种子传播，主要传毒蚜虫为棉蚜和草莓长毛钉蚜。

（2）草莓皱缩病毒。该病毒有致病强弱不同株系，强毒株系侵染栽培品种后，使植株矮化，叶片产生不规则斑点，叶片大小不等，扭曲呈弯形。与斑驳病毒复合侵染时，植株严重矮化。该病毒主要由蚜虫传播，其中以钉蚜属蚜虫传毒力最强。

（3）草莓轻型黄边病毒。该病毒单独侵染栽培种草莓时，仅致使植株轻度矮化。与其他病毒复合侵染时，引起黄化和失绿，致使严重减产。在栽培种上与斑驳病毒复合感染，使植株矮化，叶缘不规则上卷，叶脉下弯或全叶扭曲。此病毒主要由蚜虫和种子传染，为害后损失严重。

（4）草莓镶脉病毒。该病毒单独侵染栽培种草莓时，仅致植株轻度矮化。但与斑

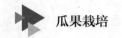

驳病毒、轻型黄边病毒复合侵染时，植株因叶脉皱缩而叶片扭曲，同时沿叶脉形成黄白色或紫色病斑，叶柄上也会出现紫色病斑。在指示植物上症状更为明显。该病毒亦由蚜虫传染，多种蚜虫均可传播，其中以长毛钉蚜、棉蚜、马铃薯长管蚜等传毒能力较强。

3. 防治方法

国内外至今尚无治疗草莓病毒病的有效农药，栽培上降低病毒病为害度的有效方法是选用无毒苗，每隔 2～3 年换一次苗木。在我国各主要草莓产区都已经开始应用草莓无毒苗，取得了较好的防治病毒病的效果。无毒苗的获取方法主要有直接选拔法、茎尖分生组织培育法和热处理三种，通常由具有一定科技力量和繁育条件的科技部门进行原原种和原种的培育，再由种植农户直接繁殖生产用苗。

根据国内外试验结果，一般单一病毒感染植株可致减产 20%～30%，两种病毒复合感染可致减产 50% 左右。作者曾对上海地区"宝交早生"的病毒病为害度进行调查，结果为大田产量普遍降低 31% 左右，说明目前的主栽品种受病毒病的侵染已经达到相当严重的程度。

与常规苗相比较，无毒苗生长势旺盛，果数增多，单果增大，产量明显提高。草莓生产老区产量增加的幅度普遍高于新区，多年栽培的传统品种大于新生品种。

无毒苗具有一定的特殊性，只有栽培技术适当时才能取得增产的效果。在使用无毒苗时，需特别注意如下五方面。

（1）无毒苗营养生长旺盛，吸肥力很强，在假植育苗期应避免花芽分化期前的追肥，以免花芽分化期推迟。应用断根、剥老叶等措施调节体内的 C/N 比，可使花芽分化期提早。

（2）无毒苗较粗壮高大，在施肥量较大的情况下，对较强浓度肥料的忍耐力强于带毒苗，但生产地也应避免施肥过多，以免植株过度旺盛而影响着果。与带毒苗相比，无毒苗要适当稀植。

（3）无毒苗的开花期有延迟的趋势，其开始采收期也相应推迟，但早期产量和总产量仍相对较高。由于每花序内着果数增多，单果平均重量有所下降，故应考虑适度疏花疏果，促进果实增大。

（4）无毒苗生长过于旺盛时，容易发生灰霉病、叶枯病，应及早剥除老病叶，及时防治病虫害，保护地栽培时还需注意棚内通风。

（5）无毒苗在生产过程中又会发生再感染。病毒感染的速度因产地和栽培管理方法的不同而有差别：生产规模小、经常防治蚜虫的地方，栽培 2 年后仍呈无病毒状态，到第三年时也只受轻度感染；生产规模大的产地往往短时期内就会发生再感染。一般情况下，每 2~3 年就需使用新的无病毒母株繁殖生产用苗，不宜再利用原来的生产用苗。

五、草莓根腐病

1. 症状识别

草莓根腐病常见于露地栽培，促成、半促成栽培发生较少。根腐病发病时往往由细小侧根或新生根开始，初期出现浅红褐色不规则的斑块，颜色逐渐变深呈暗褐色。随着病害的发展，全部根系迅速坏死变褐。地上部分先是外叶叶缘发黄、变褐、坏死至卷缩，病株表现缺水症状，逐渐向心叶发展至全株枯黄死亡。

2. 发病条件

草莓根腐病病原菌主要由土壤和苗传播。病菌在土壤中随水扩散，自根部侵染植株，因此，该病常在河流沿岸、水流频繁的草莓种植区发生蔓延。发病的适宜地温为 10 ℃，病菌繁殖适温为 22 ℃，当地温超过 25 ℃时，病菌发育恶化。搭设小环棚、铺地膜可减少根腐病的发生。

3. 防治方法

（1）采用高垄地膜覆盖，或滴灌等节水栽培技术，施用充分腐熟的有机肥，减少伤根。少浇水，并注意浇水后及时浅中耕。

（2）药剂防治。移栽时用 25 g/L 咯菌腈悬浮种衣剂（适乐时）蘸根，每 6 000 株用药量 50 mL 左右。或定植后用 25 g/L 咯菌腈 1 000~1 500 倍液灌根。或用 25% 吡唑醚菌脂乳油（凯润）1 500~2 000 倍液喷雾。

六、草莓黄萎病

1. 症状识别

在匍匐茎抽生期，子苗极易感病。感病幼叶新叶失绿黄化，继而扭曲呈舟形，三出小叶中往往 1~2 叶畸形化，且畸形叶的发生多集中在植株的一侧。发病植株生育不良，失去生机，自叶缘开始干枯，甚至全株枯死。根冠部维管束褐变，甚至腐败，但中心柱不变色。母株圃 7 月上旬开始发病，进入 8 月病情明显加重。假植育苗圃病害往往在 9 月发生。半促成栽培多出现在 2 月上旬至 3 月上旬，露地栽培在 3—5 月。

1995 年秋季在上海市郊宝交早生草莓品种上首次发现黄萎病，1996 年 9 月多处丰香草莓假植苗圃遭受黄萎病的严重为害。

2. 发病条件

黄萎病病原菌主要借土壤传播。发病适温 25 ~ 30 ℃，夏秋高温季节的病症比较典型，症状清晰可见。连作、土壤过干、过湿会加重该病的发生。

3. 防治方法

避免在发病草莓园选留繁殖苗母株及避免连作是预防草莓黄萎病最有效的方法。如发现育苗圃存在病株，应尽早拔除，并妥善处理。对于连作的病发地，定植前用 50% 氰氨化钙颗粒剂进行土壤高湿消毒处理。可用 70% 甲基托布津可湿性粉剂 500 倍液灌根，或 50% 多菌灵可湿性粉剂 500 倍液喷雾。

七、草莓青枯病

1. 症状识别

草莓青枯病多见于夏季高温时的育苗圃。发病初期，叶柄变为紫红色，植株生育不良。随着病情的加重，下部叶片凋萎脱落，最后整株枯死。叶柄基部感染后，呈青枯状凋萎；若侵染根部，则不会呈现青枯类症状，切断病苗根部，可见维管束部分出现环状褐变，并有白色混浊的黏液自叶面渗出。

2. 发病条件

青枯病病原菌属广谱性，能侵染茄科等 100 多种植物。病原菌借土壤与水传播。发病适温 28 ~ 30 ℃，属高温型。该菌能长时间生存于土壤，常自根部伤口侵入植株。

3. 防治方法

避免在连作地育苗，不要与茄科植物连作。如果在发病地育苗，需事先进行土壤高温消毒；或用 20% 噻菌铜悬浮剂（龙克菌）600 ~ 800 倍液，或用 77% 氢氧化铜可湿性粉剂（可杀得）400 倍液喷雾。

学习单元 ②

草莓虫害及其防治

一、叶螨

1. 形态特征

为害草莓的叶螨主要有棉红蜘蛛与黄蜘蛛，其中红蜘蛛更为常见。红蜘蛛是一种体形很小的害虫，体长一般为 0.6 ~ 1 mm，有四对足，肉眼只能观察到一个小红点。

2. 为害症状

叶片受害初期，局部出现灰白色小点，随后逐渐发展，致使整叶布满碎白色花纹，严重时叶片黄化卷曲，植株萎缩矮化，生育受到严重影响。此时若察看叶片背面，可见大量体长约 0.6 mm、红褐色的小蜘蛛在旺盛活动，叶上附有白色蜘蛛网状物。

草莓是易遭受红蜘蛛为害的作物之一，周年都可发生，世代重叠，其中促成栽培尤为严重。这是由于覆膜后，覆盖物遮挡了雨水，且棚内温度明显升高，致使红蜘蛛的繁殖速度加快。高温干燥是诱发红蜘蛛大量增殖的条件。露地栽培除盛夏高温季节（5—9 月）外，为害度相对较轻。若红蜘蛛数量多、密度大，往往会集结在叶缘的一端，呈现出红色堆群。

3. 防治方法

（1）在匍匐茎抽生初期，注意适量灌水，尽量避免土壤过分干燥。红蜘蛛为设施

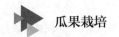

栽培最主要的害虫，覆膜开始后即应高度注意。无论是哪一种栽培方式，都需早观察、早发现，确保早期彻底防除，以减少果实采收期的喷药量。一旦疏忽大意，就可能造成虫害蔓延，防治难度更大。

（2）红蜘蛛主要寄生于下部叶，可通过苗圃植株携带传开，因此，定植前后应及时除去老叶、枯叶，减少害虫基数。

（3）药剂防治。可用5%噻螨酮乳油（尼索朗）稀释成1 500～2 000倍液喷雾，或110 g/L乙螨唑悬浮剂（来福禄）5 000倍液，或400亿孢子1 g球孢白僵菌可湿性粉剂1 500倍液均匀喷雾。重点喷植株中上部叶片、幼嫩部位或果实等处，每7～10天喷1次，连续用药2～3次。采果前两周停止用药。红蜘蛛容易对同一种药剂产生抗性，因此要注意药剂的交替使用。

二、蚜虫

1. 形态特征

蚜虫体长1～2 mm，头小肚子大，淡绿色，有刺吸式口器，体表被有蜡状白粉。

2. 为害症状

已知为害草莓的蚜虫有数种，常见的有桃蚜、棉蚜、马铃薯长管蚜等。草莓蚜虫多发生于夏季育苗期，露地栽培在4—6月。害虫群居在幼叶背面，吮吸汁液，吸食处形成退绿斑点，叶片卷缩、变形，植株生长衰弱，匍匐茎伸长停止。此外，蚜虫还是草莓病毒病的主要传播媒介。

3. 防治方法

药剂防治：用0.5%苦参碱500倍液，或10%吡虫啉可湿性粉剂1 500倍液，或3%啶虫脒500倍液喷雾，每5～7天喷1次，连续用药2～3次，效果较好。采果前两周停止用药。药剂应交替使用，以免产生抗性。

在促成栽培和半促成栽培条件下，常多放养蜜蜂进行授粉。喷杀虫剂防治蚜虫时，常会杀死蜜蜂，降低蜜蜂的授粉效果。因此，操作时必须十分注意，喷药前可暂时将蜂箱移至棚外，一周后再移入。

三、金龟子

1. 形态特征

为害草莓的金龟子有数种，其中铜色金龟子（大绿丽金龟）最为普遍。成虫体长2～2.5 mm，铜绿色，于6月前后出现，啃食各种植物的叶片。蛴螬是金龟子的幼虫，一般体长1～2 mm，粗2～6 mm，有足三对，体节多褶皱，白色肥胖，头黄色，有硬壳，为害根系，造成植株萎蔫和死亡。

金龟子成虫具有强趋光性。交尾后雌成虫潜入土中产卵，孵化后的幼虫以腐殖质、植物的根为食，1～2龄幼虫体形短小，3龄后食害量增加，肉眼最初可见受害部位。以成虫在土中越冬，越冬成虫初夏在土中化蛹，于露地羽化。一年发生一代（也有两年发生一代者），好聚集在腐殖质含量丰富的土壤。

2. 为害症状

植株受害后地上部生育恶化，叶由黄变红，最后多干枯。在苗圃及栽植地常导致缺株，严重时造成毁灭性危害。若对受害后的植株进行调查，可发现根颈部以下的根大部分消失，根际周围的土壤中能找到卷曲、呈马蹄形的幼虫。

3. 防治方法

（1）定植前进行土壤消毒，防杀金龟子幼虫等地下害虫。消毒方法是在定植前结合施肥，每1 000 m² 施菜子饼11.25～22.5 kg或石灰氮60 kg，施后深翻，杀虫效果显著。

（2）在定植时每亩用3%辛硫磷颗粒剂4 000～5 000 g沟施。或成虫发生期用80%敌百虫可湿性粉剂800～1 000倍液均匀喷雾。

（3）发现死苗现象时，于清晨在萎蔫植株和死株附近扒土扑灭幼虫。

（4）利用成虫的趋光性，使用黑光灯诱杀。

（5）为防止成虫飞来及产卵，使用遮阳网对苗床进行覆盖，效果较好。

四、象鼻虫

1. 形态特征

象鼻虫成虫体长约4 mm，长椭圆形；喙显著，由额和颊向前延伸而成；触角膝

状，柄节延长，末端三节呈棒状；体色暗或具鲜明光泽；身体坚硬，头和前胸骨片相互愈合，体被覆棕色或黑色鳞片。老熟幼虫长约 5 mm，黄褐色，胸、腹背面散生许多小刺；体柔软，肥壮而弯曲，头部发达，无足。

2. 为害症状

成虫常集结于花蕾、花梗等部位咬食，受害部位伤孔累累，严重时全株凋萎，不能结实。该虫在各地均有分布，多见于露地栽培。以成虫越冬，越冬后的成虫自草莓花开初期飞集于种植地开始为害。幼虫在花蕾中生长，约 2 周后变为成虫。该虫多生活于温暖地带，也是蔷薇重要的害虫。

3. 防治方法

象鼻虫主要为害露地栽培，促成栽培受害很少。该虫以成虫为害，可直接喷药防治，如 80% 敌百虫可湿性粉剂 800 ～ 1 000 倍液。

五、斜纹夜蛾

1. 形态特征

参考第 171 页"五、斜纹夜蛾"。

2. 为害症状

斜纹夜蛾 8 月下旬前后开始出现于苗圃，食害叶片，严重时仅留下光秃的叶柄，也为害花及果实。促成栽培时，如果覆膜前种植地即存在幼虫，则冬季棚内加温后，其为害更加严重。成虫可连续繁殖，一年发生 6 代左右。该害虫有假死性，对阳光敏感，天晴时白天躲在阴暗的草莓基部或土缝里，夜晚出来为害，大发生时幼虫密度大，以致毁产并能转移为害。对药剂抗性强，采收开始后，因喷农药受到限制，常给生产带来严重损失。

3. 防治方法

参考第 171 页"五、斜纹夜蛾"。

六、小地老虎

小地老虎的形态特征、为害症状、防治方法可参考第 173 页"七、小地老虎"。

一体化鉴定模拟试题

【试题】草莓病虫害的识别与防治（考核时间：25 min）

1. 操作条件

（1）50 m² 左右的教室或操作场地。

（2）识别病虫害的实物、照片或放映幻灯片的设备等。

（3）放置实物或标本的操作台。

2. 操作内容

（1）识别草莓病害三种及常用药剂。常见草莓病害：白粉病、病毒病、灰霉病、根腐病、炭疽病。

（2）识别草莓虫害三种及常用药剂。常见草莓虫害：蚜虫、叶螨、斜纹夜蛾、象鼻虫、小地老虎。

3. 操作要求

（1）根据实物标本或照片或幻灯片回答所指出的病害或虫害。

（2）根据所回答的病虫害名称指出用何种药剂防治（1~2 种药剂）。

4. 评分项目及标准

序号	评价要素	考核要求	配分	等级	评分细则
1	病害识别	识别草莓病害	10	A	能正确识别其中 3 种病害
				B	能正确识别其中 2 种病害
				C	能正确识别其中 1 种病害，经提示可再识别 1 种病害
				D	能正确识别其中 1 种病害
				E	不能识别
2	虫害识别	识别草莓虫害	10	A	能正确识别其中 3 种虫害
				B	能正确识别其中 2 种虫害
				C	能正确识别其中 1 种虫害，经提示可再识别 1 种虫害
				D	能正确识别其中 1 种虫害
				E	不能识别

续表

序号	评价要素	考核要求	配分	等级	评分细则
3	药剂防治	指出防治每个病害、虫害的药剂名称	10	A	能正确指出 3 个防治病害、虫害的药剂
				B	能正确指出 2 个防治病害、虫害的药剂
				C	能正确指出 1 个防治病害、虫害的药剂
				D	能正确指出 1 个防治病害或 1 个虫害的药剂
				E	全部错误
合计配分			30	合计得分	

等级	A（优）	B（良）	C（及格）	D（较差）	E（差或缺考）
比值	1.0	0.8	0.6	0.2	0

"评价要素"得分 = 配分 × 等级比值